Syed Ahsan Hussain Gardezi

Restrições geológicas na bacia ocidental de Kohat Foreland, KP, Paquistão

Syed Ahsan Hussain Gardezi

Restrições geológicas na bacia ocidental de Kohat Foreland, KP, Paquistão

Implicações da modelação estrutural 2D e 3D

ScienciaScripts

Imprint

Cover image: www.ingimage.com

This book is a translation from the original published under ISBN 978-620-2-30663-8.

Publisher:
Sciencia Scripts
is a trademark of
Dodo Books Indian Ocean Ltd. and OmniScriptum S.R.L publishing group

120 High Road, East Finchley, London, N2 9ED, United Kingdom
Str. Armeneasca 28/1, office 1, Chisinau MD-2012, Republic of Moldova, Europe
Printed at: see last page
ISBN: 978-620-8-20967-4

RESUMO

A compreensão da disposição espacial das estruturas geológicas é muito importante para entender a sua evolução estrutural e construir um modelo consolidado para uma região. Esta investigação é uma tentativa de compreender os eventos estruturais da bacia ocidental de Kohat Foreland no fluxo de trabalho 2D-3D, a avaliação de múltiplos decollements e a correlação estrutural entre rochas superficiais e sub-superficiais. Os dados bidimensionais disponíveis foram integrados num fluxo de trabalho 3D internamente consistente no MOVE SUIT 2015.1, que foi então fácil de interpolar e extrapolar para além dos pontos conhecidos para melhor restringir a interpretação e validação estrutural.

A sequência estratigráfica aflorante e não aflorante da bacia de Kohat Foreland é divisível em dois domínios estruturais-estratigráficos com base na compreensão mecânica da região. Estes domínios estão separados por um descolamento regional de dobras e falhas localizado na base da Formação Patala. As rochas do domínio superior, que são comparativamente mais dúcteis e estão cobertas por uma sequência espessa de xistos e evaporitos da Formação Panoba, Jatta Gypsum e xistos da Formação Patala, são deformadas em anticlinais apertados, revirados, duplamente mergulhantes e com falhas internas, intervencionados por sinclinais amplos. Estas dobras superficiais orientadas este-oeste são formadas devido ao desprendimento de empurrões nas rochas Patala-Panoba. O domínio inferior tem uma série de dobras de propagação de falhas a norte ou a sul, incorporando as rochas do Cambriano ao Paleoceno (topo Lockhart), que contém o principal jogo de hidrocarbonetos da área. Existe uma desarmonia estrutural na bacia de Kohat Foreland, ou seja, a geometria estrutural das rochas superficiais não imita a geometria das rochas sub-superficiais. As falhas na área de estudo são listadas e de inclinação norte ou sul com um deslocamento calculado, variando de 250-2000 metros. A percentagem total de encurtamento calculada ao longo das linhas específicas é de 37%. A parte noroeste da área de estudo é relativamente mais deformada e expõe as rochas mais antigas. A tendência geral das rochas da Bacia Ocidental de Kohat Foreland desvia-se de este-oeste para oeste-noroeste à medida que nos deslocamos de este para oeste. A análise de tensão de uma superfície 3D do Anticlinal de Manzalai Ghar ao nível do calcário Lockhart (-1500 m) é efectuada utilizando o diagrama de tensão de Mohr no software MOVE 2015.1. Os resultados ilustram valores positivos de tensão normal, o que sugere o cisalhamento e a fracturação relacionados com a compressão norte-sul na área de estudo.

AGRADECIMENTOS

Todos os louvores a Alá Todo-Poderoso, o Senhor dos Senhores, que me permitiu e abençoou com a coragem e a determinação para realizar este projeto com sucesso. Durood- O-Salam sobre o Santo Profeta Hazrat Muhammad (PBUH) devido a quem este belo universo foi criado e que é o Profeta da paz e da humanidade no universo.

De certa forma, esta investigação sobre a EM é um testemunho do meu amor pelas montanhas, cultivado desde a infância. Em muitos outros aspectos, reflecte o apoio e o carinho de inúmeras pessoas que influenciaram a minha vida e este trabalho.

Os meus agradecimentos vão, em primeiro lugar, para o meu supervisor e presidente do Departamento de Geologia, Prof. Dr. Sajjad Ahmad, que me introduziu na geologia da Bacia de Kohat Foreland. Ensinou-me que cada rocha tem uma história que vale a pena contar, se eu for suficientemente paciente para a aprender. Ofereceu-me sempre o melhor de si próprio, transformando-me num cientista que consegue agora compreender melhor, pensar mais profundamente, avaliar criticamente, escrever eficazmente e persistir nas dificuldades.

Gostaria de expressar a minha profunda gratidão ao Sr. Gohar Rehman (Professor) pela sua ajuda no meu trabalho de campo e pela orientação prática crucial no trabalho de laboratório. Agradeço os seus conselhos, a sua atitude cooperante e o seu encorajamento para a conclusão do mestrado.

Agradeço profundamente ao Midland Valley pelo seu apoio positivo em termos de fornecimento da licença académica do software MOVE, que foi uma fase importante para completar a minha investigação. O software foi muito útil e de fácil utilização, o que constitui uma prova convincente do slogan da Midland Valley, ou seja, "By Geologist, For Geologist".

Muito obrigado a Nawaz Ikram, Zubair Razzaq e Sanwal Sardar (Sunny) pela sua presença estável ao longo desta viagem. A sua amizade foi um jardim com muitas árvores autóctones bonitas, riachos de água doce e uma cabana aberta onde me podia abrigar em qualquer altura. Os meus sinceros agradecimentos ao Sr. Shahid Waheed pela assistência técnica nos programas assistidos por computador e pelo seu apoio moral no alojamento do albergue.

Os meus mais profundos agradecimentos a Atif Ali Hassan, Farhat Ullah Fancy, Irfan (Khadmu), Iqtedar (Murshad), Mohib Ur Rahman, Nowrad Ali, Raja Ahmed Hammad, Saqlain Ali, Shehbaz Mehtab Shah (SMS), Wajiha Amjad e Zahid Latif pelo seu apoio sincero de sempre, pelo seu encorajamento e pela sua atitude de apreço.

Por último, quero agradecer à minha família pelo seu amor e apoio. Os meus pais educaram-me a acreditar que eu podia alcançar qualquer coisa a que me propusesse. A minha mãe, em especial, tem-me apoiado em todas as crises e é uma fonte inesgotável de grande alegria e amor.

Syedflhsan Hussain Qardezi

ÍNDICE

CAPÍTULO 1

INTRODUÇÃO

1.1 Descrição geral

A área de estudo circunda uma parte da bacia ocidental de Kohat Foreland Basin (KFB), que é o produto da colisão continental entre as placas indiana e eurasiática. A KFB, com baixa elevação e topografia irregular, denota a extremidade sul do sistema orogénico dos Himalaias (Ahmad, 2003) e é a mais ocidental da cadeia de bacias foreland de tendência este-oeste, contendo uma sequência espessa de rochas sedimentares do Paleoceno ao Pleistoceno (Gee, 1945; Fatmi, 1973; Ahmad, 2003; Sameeni *et al.*, 2009 & Shah, 2009). A KFB situa-se a cerca de 100 km a sul da parte principal dos contrafortes ocidentais dos Himalaias (Pivnik & Wells, 1996 & Ahmad, 2003) e acredita-se que tenha sido o principal depocentro da vertente dos Himalaias desde o início da tectónica de colisão.

O Main Boundary Thrust (MBT) e a Kohat Range (KR) fazem fronteira com a KFB a norte (Khan *et al.*, 1986) e elevam os sedimentos mesozóicos-paleocénicos contra os sedimentos terciários da KFB. A falha de Kurram, com tendência norte-sul, marca o limite ocidental da KFB, enquanto o rio Indo a confina a leste e a separa do seu análogo oriental, que é a bacia do foreland de Potwar. O limite sul da KFB é definido pela bacia de Bannu (McDougall e Khan, 1990, Pivnik e Khan, 1996, Ahmad, 2003, Ali, 2007) (Fig. 1.1).

A KFB contém uma sequência de plataforma do Paleocénico ao Eocénico com um contacto inconformável com os depósitos da bacia foreland sinorogénica terrestre do Miocénico ao Plio-Pleistocénico (Meissner et al., 1974). A presença de um grande número de falhas de empuxo com vergônteas diferentes e dobras apertadas a reviradas faz da KFB uma das áreas mais complexas do norte do Paquistão.

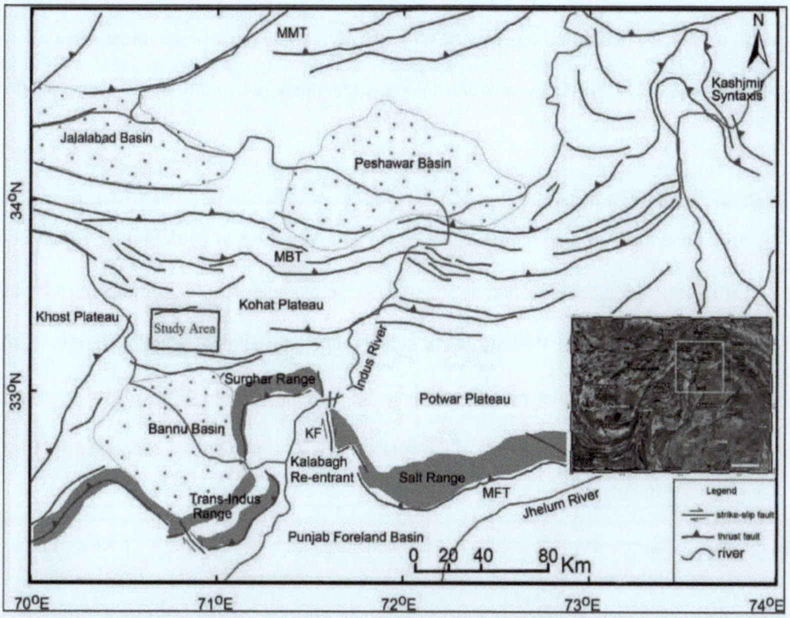

Fig. 1.1 Mapa que mostra a cintura de dobragem e de ferrugem do foreland dos Himalaias do NW do Paquistão. MMT = Main Mantle Thrust, MBT = Main Boundary Thrust, MFT = Main Frontal Thrust, KF = Kalabagh Fault. A parte cinzenta corresponde às faixas activas na frente da cintura de dobragem e de impulso do foreland. A caixa retangular é a área de estudo (modificado após Chen e Khan, 2009)

A colisão em curso entre as placas indiana e euro-asiática fez proliferar continuamente as forças de impulso e de compressão para sul (Gansser, 1964; Powell *et al.,* 1973; Molnar & Tapponnier, 1975). As estruturas regionais na KFB, com todas as dobras e falhas com os seus eixos de dobra e planos de falha tendendo para leste-oeste, são a indicação clara da procissão meridional da deformação dos Himalaias (Wells, 1984; Pivnik, 1992 & Rehman *et al.,* 2009).

Muitos geocientistas que têm estado a trabalhar na cintura de dobras e de empuxos do noroeste dos Himalaias sugerem que as falhas de deslizamento por golpe são também funcionais neste regime de compressão (Verma e Chandrasekhar, 1986, Sercombe *et al.,* 1998; Mona Lisa *et al.,* 2002, 2004 & 2005). A evidência de deformação transpressional torna a geometria estrutural das estruturas pré-existentes relacionadas com a compressão ainda mais complicada no KFB (Ahmed *et al.,* 2004).

Uma análise do registo geológico e geofísico da KFB sugere que a tectónica transpressional na área formou um sistema de falhas de impulso ou inversas afectadas pelo sal e/ou pelo subsolo (Paracha, 2001).

1.2 Localização e acessibilidade

A área de estudo abrange cerca de 793 km^2 de área na bacia ocidental de Kohat Foreland (Fig. 1.1). Situa-se a sudoeste de Kohat, ao longo da principal autoestrada do Indo, entre Peshawar e Karachi, a cerca de 123 km de Peshawar. As aldeias de Pongi Banda, Khattak Banda, Karbogha Sharif, Dashi, Gurguri e Manzalai estão localizadas na área do projeto. As localidades próximas da área de estudo incluem a aldeia de Mohmad Khwaja a norte, Khomari a leste e Bannu a sul (Fig. 1.2).

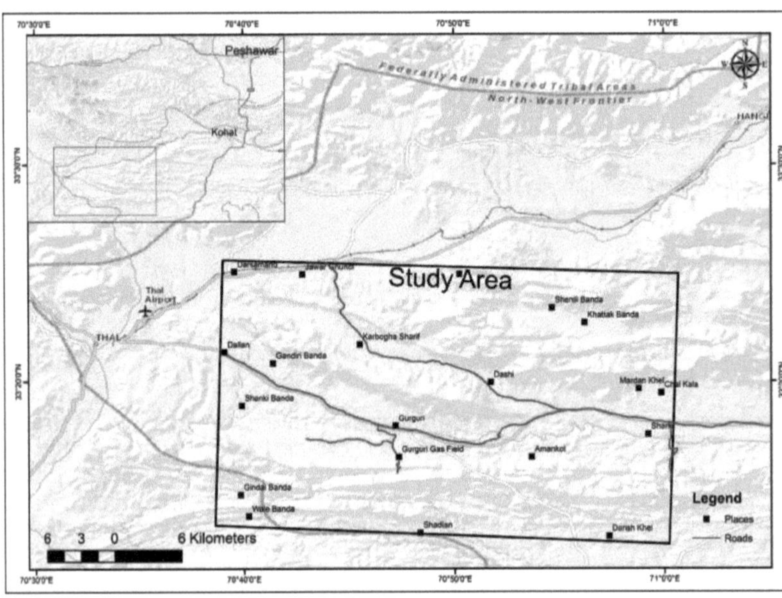

Fig. 1.4 Mapa de acessibilidade da área de estudo. A inserção mostra a localização da área dentro da bacia de Kohat Foreland

Geograficamente, a área de estudo situa-se entre as latitudes 33°13'20 "N e 33°24'57 "N e as longitudes 70°38'38 "E e 71°00'41 "E. A estrada principal da autoestrada do Indo liga o distrito de Karak a Peshawar (Fig. 1.2). A área de estudo situa-se a noroeste da principal cidade de Karak, que está ligada à autoestrada principal pela estrada Thal-Lachi. A área de estudo é de fácil acesso e pode ser utilizada em qualquer tipo de veículo. Devido à recente vaga de terrorismo no Paquistão, algumas partes da área de estudo são vulneráveis, pelo que devem ser tomadas medidas de segurança antes do início do trabalho de campo.

1.3 Topografia

A área de estudo é caracterizada por uma topografia moderada, incluindo colinas e vales alternados. O pico mais alto da área de estudo situa-se a 1200 m acima do nível médio das águas do mar. A topografia da área de estudo é parcialmente controlada pela deformação e litologia. Apenas uma unidade competente, a Formação Kohat, constitui as cristas mais elevadas da zona. Algumas das outras rochas, como as formações de Murree, Kamlial e Nagri, são rígidas e formam cristas em determinados locais. As restantes unidades, incluindo as formações Panoba Shale, Mami Khel Clay e Chinji, são fracas e, devido à erosão, formam cumes e vales baixos. Os principais vales sinclinais na área de estudo são constituídos pelas formações Murree, Chinji e Nagri. O Modelo Digital de Elevação (DEM) da área de estudo mostra uma tendência geral este-oeste nas principais estruturas, exceto algumas variações locais (Fig. 1.3).

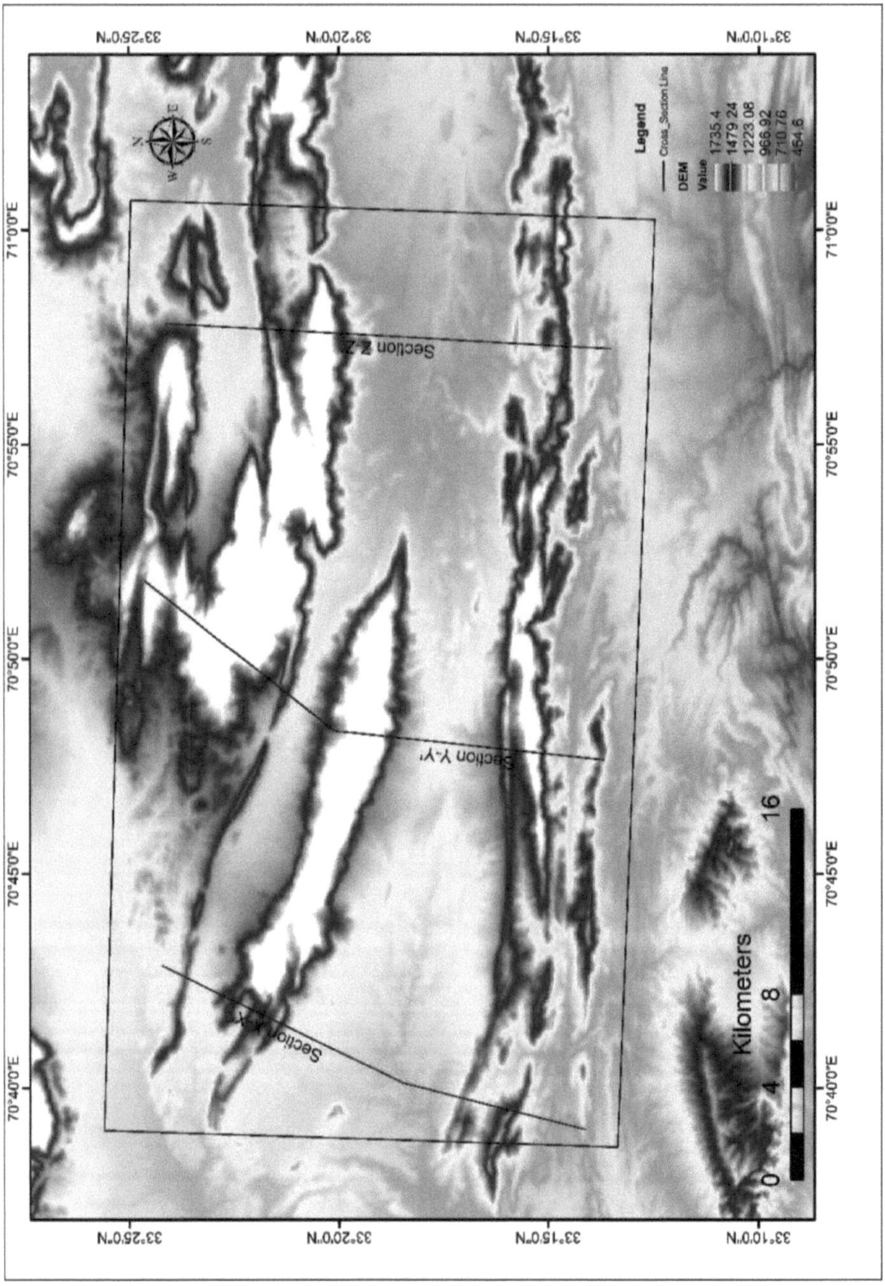

Fig 1. 7 Modelo Digital de Elevação (DEM) mostrando a topografia da área de estudo

1.4 Revisão da literatura

Os vastos depósitos de sal e de gesso e a importância tectónica da KFB envolveram vários geocientistas do Serviço Geológico da Índia, incluindo Burnes (1832), Karsten (1846), Andrew Fleming (1853), Oldham (1864), Wynne (1879), Pinfold (1918) e Davis (1930). O primeiro quadro regional dos depósitos salinos de Kohat, de acordo com a idade e a estratigrafia, foi proposto por Gee (1945). O pessoal do Serviço Geológico do Paquistão trabalhou na área e publicou um valioso relatório sobre depósitos de gesso (Raza e Khattak, 1972). Fatmi (1973) reconheceu e estabeleceu o quadro litoestratigráfico de KFB. Meissner *et al.*, (1974 e 1975) elaboraram o primeiro mapa geológico completo da KFB à escala de 1: 250.000 através de uma investigação geológica pormenorizada. Wells (1984) interpretou o ambiente de deposição das rochas cenozóicas através de estudos sedimentológicos do KFB.

A primeira abordagem organizada para investigar a propagação da dobra-esforço sob a KFB através de uma secção transversal equilibrada do planalto oriental de Kohat e da cordilheira de Surghar foi adoptada por McDougal e Hussain (1991). A cinemática de empuxo do KFB foi estudada por Abbasi & McElroy (1991). Estes autores esboçaram um modelo estrutural para a KFB utilizando falhas de empuxo imbricadas a norte, de baixo ângulo, sob um empuxo de cobertura passivo. Pivnik, (1992), Pivnik & Sercombe, (1993), Sercombe *et al.*, (1994a & b) analisaram o KFB de forma algo diferente e sugeriram que se trata de um terreno complexo e híbrido afetado por deformação compressional e transpressional. Ahmad (1995) identificou a fase Plio-Pleistocénica de falhas de deslizamento de greve nas estruturas pré-existentes formadas devido a forças de compressão.

Ahmad (2003) salientou um desfasamento estrutural entre as estruturas de superfície e de subsuperfície. Khan e Najeeb-uz-Zaman (2003) trabalharam sobre a estratigrafia e a arquitetura tectónica da parte noroeste da KFB. Sugeriram um modelo estrutural baseado em dados sísmicos e de superfície que mostra uma série de falhas de impulso listradas de grande escala, mergulhando em direção ao interior e emergindo do descolamento basal. Paracha (2004) estudou o KFB com referência à tectónica dos Himalaias. Ali (2007) interpretou as secções sísmicas a fim de reconstruir a evolução estrutural e desenvolveu um modelo através da integração estrutural superficial e sub-superficial.

A KFB surgiu como uma zona potencial de hidrocarbonetos e tem também um historial de exploração. Existem reservas de petróleo e gás na maior parte da KFB. A Amoco Pakistan Exploration Company (APEC) perfurou três poços entre 1990 e 1993. Muitas outras empresas, incluindo a Pakistan Oilfields Limited (POL), a Oil and Gas Development Company Limited (OGDCL), a Pakistan Petroleum Limited (PPL) e a Magyar Olaj (MOL) fizeram várias descobertas durante os últimos anos.

1.5 Narrativa do projeto

A investigação anterior sobre a evolução estrutural do foreland de Kohat baseia-se na investigação de afloramentos, na correlação de dados de poços e em secções sísmicas 2D para integrar a geologia de superfície com dados sub-superficiais. Atualmente, faltam trabalhos de investigação sobre um modelo estrutural do KFB em 3D para validar a geometria estrutural sub-superficial. O trabalho de investigação proposto centra-se na geologia de superfície para desenvolver secções transversais sub-superficiais e para construir um modelo estrutural 3D do KFB ocidental.

1.6 Metas e objectivos

Os principais objectivos da investigação proposta são os seguintes

1. Reconstruir o mapa geológico do KFB ocidental numa escala de 1:50.000 com especial ênfase na sua geometria estrutural.
2. Construir e restaurar as secções transversais estruturais da zona de estudo.
3. Para calcular a quantidade total de gordura.
4. Compreender a geometria da subsuperfície do KFB ocidental em relação a estruturação e aprisionamento.
5. Desenvolver um modelo estrutural 3D optimizado.

1.7 Metodologia

Todos os mapas geológicos existentes preparados pelo Serviço Geológico do Paquistão, a literatura publicada anteriormente e as imagens de satélite foram obtidas e utilizadas como base de referência para obter uma imagem geológica global da área. O trabalho de campo para o controlo do terreno foi realizado em duas semanas. Foram planeadas travessias ao longo e transversalmente ao ataque das principais unidades rochosas. Foram efectuadas várias travessias ao longo de caminhos de estrada, nallas e ribeiras para recolher dados estruturais e compreender a geologia geral da área de estudo. Todos os pontos e caminhos foram marcados ao longo da travessia utilizando um dispositivo GPS (Sistema de Posicionamento Geográfico). Mais tarde, estes pontos foram projectados no Google Earth para posterior avaliação e deteção remota (Fig. 1.4).

Foi elaborado um mapa geológico destacando as diferentes estruturas da área, utilizando os softwares Google Earth, Coral Draw, Global Mapper e GIS.

O mapa digitalizado e o DEM do KFB ocidental foram então trazidos para o MOVE 2015.1 para construir e restaurar as secções transversais estruturais. As falhas e o horizonte foram desenhados utilizando "criar falha" e o método de dobragem, respetivamente, na janela de construção do modelo, como mostra a Fig. 1.5.

O módulo de modelação cinemática 2D do software MOVE 2015.1 foi utilizado para o restauro das secções transversais, a fim de calcular a quantidade total de encurtamento na área de estudo. Numa primeira fase, os horizontes foram restaurados até às falhas, utilizando o método "fault parallel flow" do módulo Move on fault logarithm in 2D (Fig. 1.6). Posteriormente, o método de deslizamento por flexão do logaritmo de desdobramento no módulo 2D é utilizado para desformar os horizontes até à fase inicial da sua história estrutural (Fig. 1.7). O mapa geológico de superfície e as secções transversais sub-superficiais foram integrados para examinar as geometrias estruturais sub-superficiais e a sua complicação em termos de evolução tectónica em 3D (Fig. 4.13). Para as interpretações estruturais e para desenvolver um modelo 3D de falhas e horizontes do KFB ocidental, foi utilizado o módulo 3D Kinematic Modelling do software MOVE 2015.1 (Figs. 4.15 e 4.16).

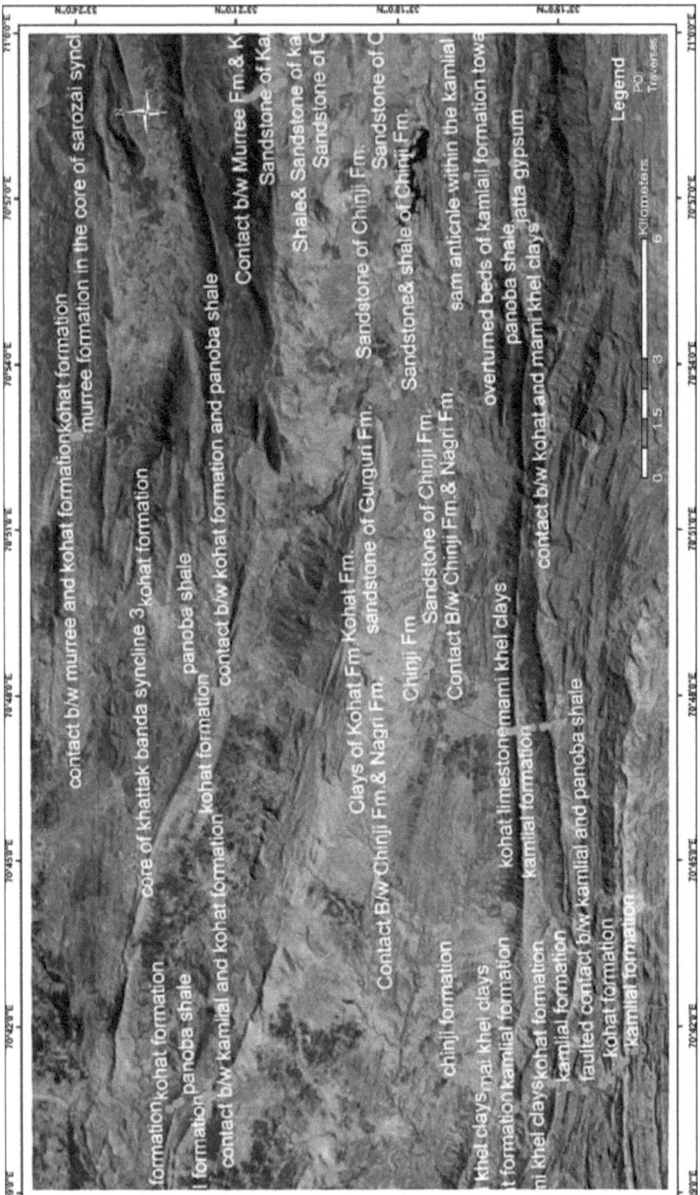

Fig. 1.10 Percursos de campo e pontos GPS carregados na imagem do Google Earth

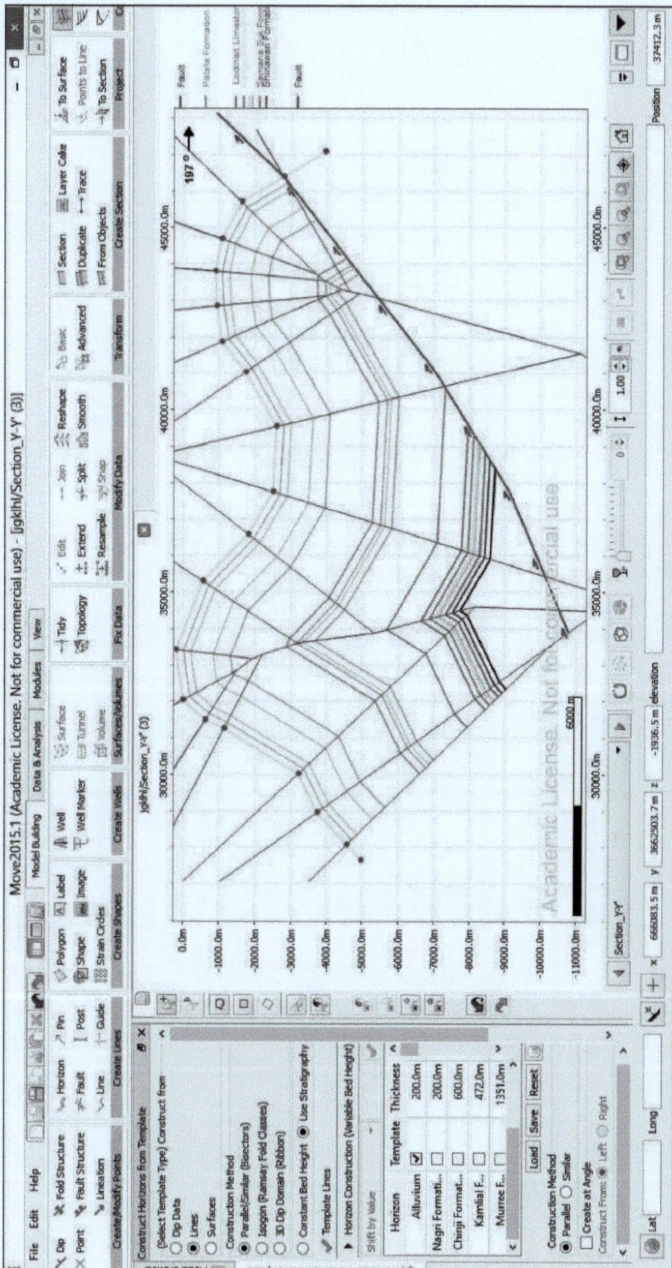

Fig. 1.13 Construção dos horizontes estratigráficos utilizando o método kink na janela de construção do modelo do MOVE 2015.1

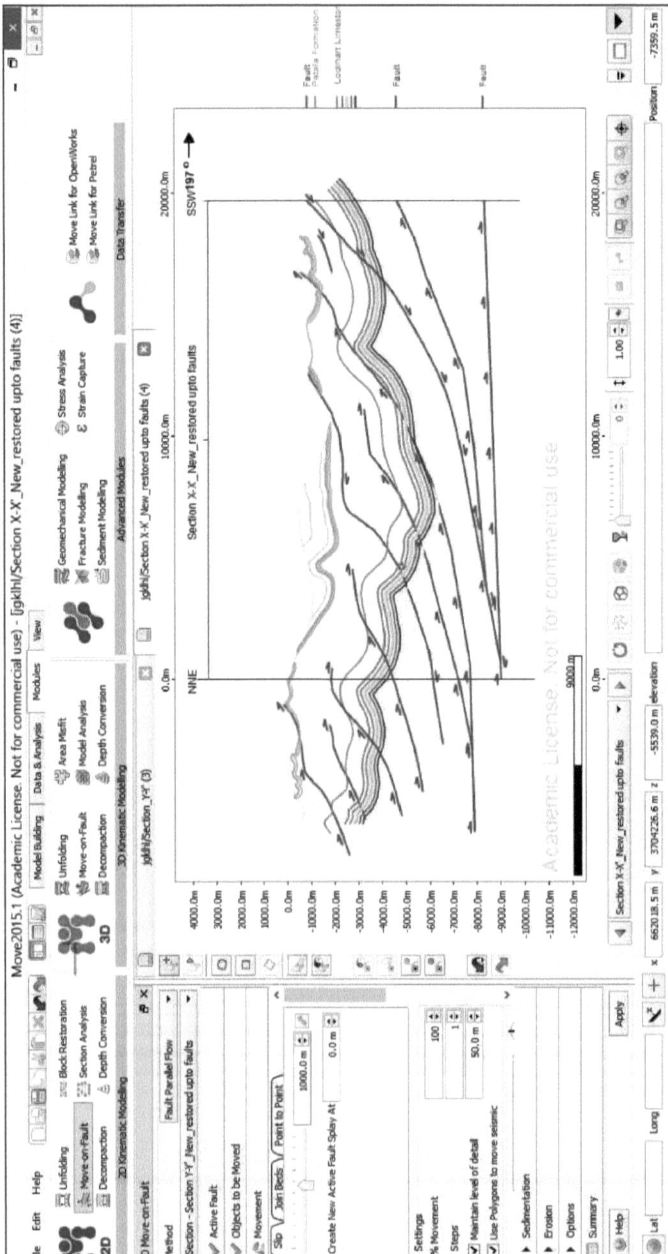

Fig. 1.16 Imagem mostrando a secção transversal restaurada das falhas no software MOVE 2015.1

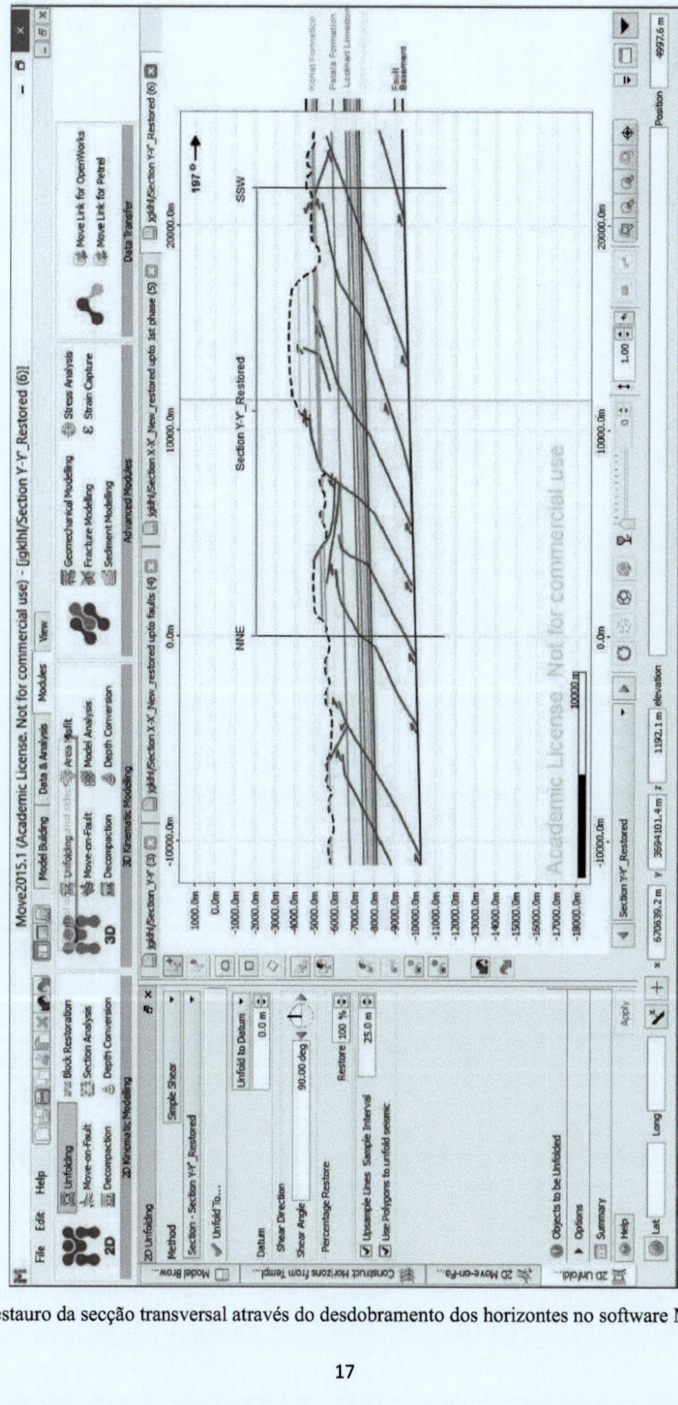

Fig. 1.19 Restauro da secção transversal através do desdobramento dos horizontes no software MOVE 2015.1

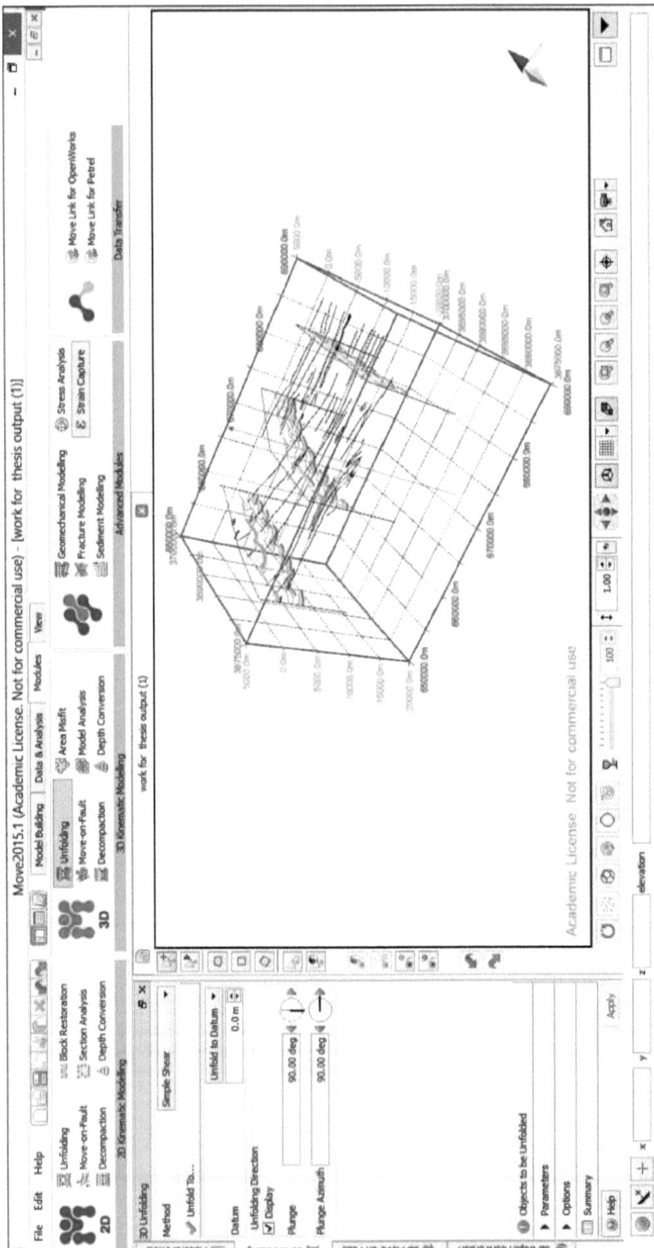

Fig. 1.22 Instantâneo mostrando a construção do modelo estrutural 3D da área de estudo no módulo 3D Kinematic do Move 2015.1

CAPÍTULO 2

QUADRO TECTÓNICO REGIONAL

2.1 Cenário tectónico

Os Himalaias, uma cintura montanhosa com 2500 quilómetros de comprimento, formaram-se há 50-65 Ma, em resultado da colisão entre a placa euro-asiática, a norte, e a placa indiana, a sul. É o mais jovem e talvez o mais impressionante produto da colisão continente-continente em toda a Terra (Gansser, 1964; LeFort, 1975; Molnar &Tapponnier, 1975 & Fraser et al., 2001). O afastamento para norte da placa indiana da terra-mãe Gondwana começou há cerca de 130 Ma (Johnson et al., 1976), resultando na contração do Neo-Tethys que se situava entre as placas indiana e eurasiática (McKenzie & Sclater, 1976). Os arcos de Nuristan, Kandahar e Kohistan-Ladakh formaram-se devido a uma subducção intra-oceânica na altura do encerramento do Neo-Tethys (Treloar e Izzat, 1993 & Searle, 1991). Este magmatismo do arco manteve-se durante quase 40 Ma (Petterson *et al.*, 1985) e resultou no encerramento da bacia do arco posterior. O arco de Kohistan-Ladakh colidiu com a placa euro-asiática, formando uma margem continental de tipo andino, e deu origem a uma nova fronteira designada por Main Karakorum Thrust (MKT) há 70-100 Ma (Coward *et al.*, 1986) (Fig. 2.1). Esta fronteira separa as rochas ígneas, metassedimentares e sedimentares deformadas da placa sul da Eurásia do terreno do Arco da Ilha de Kohistan (KIA).

De acordo com Powell (1979), a subducção do Neo-Tethys sob o KIA foi ininterrupta e consumiu totalmente a borda dianteira da Placa Indiana que finalmente colidiu com os restos do KIA durante o Eoceno. O Main Mantle Thrust (MMT) formou-se como resultado desta colisão entre 50-65 Ma (Maluski e Matte, 1984; Tonarini et al., 1993; Smith et al., 1994 & Chamberlain e Zeitler, 1996).

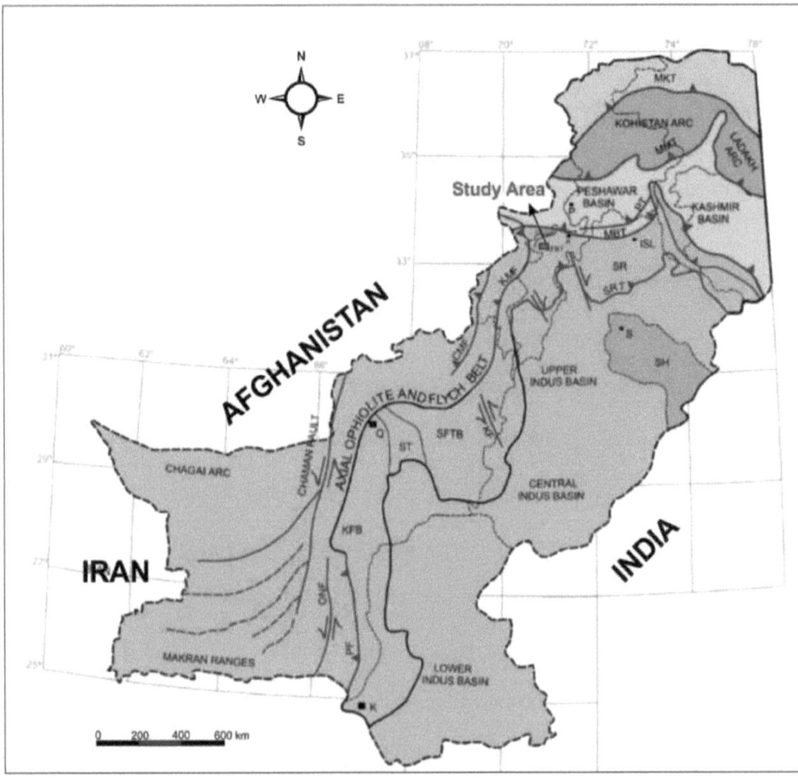

Fig. 2.1 Mapa tectónico generalizado do Paquistão que mostra os elementos tectónicos da cintura de empurrões ativa do foreland. CMF: Falha de Chukhan Manda, , ISL: Islamabad, K: Karachi, KF: Falha de Kingri, KFB: Kirther Fold-Thrust Belt, K: Kohat, KFTB: Kohat Fold-Thrust Belt, KMF: Falha de Kurram, MBT: Main Boundary Thrust, MKT: Main Karakorum Thrust, MMT: Main Mantle Thrust, ONF: Ornach Nal Fault, P: Peshawar, PF: Pab Fault, PT: Panjal Thrust, Q: Quetta, S: Sargodha, SH: Sargodha Basement High, SR/PP: Salt range/ Potwar Plateau, ST: Sibi SFTB: Sulaiman Foreland Fold-and-Thrust Belt, Sibi Trough (Modificado após Davis e Lillie, 1994)

2.2 Definições estruturais

Quatro sistemas de falhas à escala regional, nomeadamente o Main Karakorum Thrust (MKT), o Main Mantle Thrust MMT, o Main Boundary Thrust (MBT) e o Salt Range Thrust (SRT) e/ou o Trans Indus Range Thrust (TIRT), dividiram os Himalaias paquistaneses em cinco domínios litotectónicos. O Bloco de Karakorum, o KIA, a Faixa de Dobras e Empuxos Deformados do Norte (NDFTB), a Faixa de Dobras e Empuxos Deformados do Sul (SDFTB) e a Fossa do Punjab são os domínios litotectónicos dos Himalaias no Paquistão (Ahmad et al., 2004) (Figs. 2.2, 2.3). De norte para sul, o sistema regional de falhas e os domínios litotectónicos dos Himalaias paquistaneses foram brevemente discutidos como se segue:

2.2.1 O bloco de Karakorum

O Bloco de Karakorum é a parte meridional da placa euro-asiática, constituída por rochas sedimentares, metassedimentares e ígneas. O Pamir e o Arco de Kohistan-Ladakh (KLA) situam-se a norte e a sul do Bloco de Karakorum, respetivamente. Colidiu com o KLA há cerca de 70-100 Ma e gerou a fronteira sul da placa euro-asiática designada por MKT (Yoshida *et al.*, 1997 & Treloar *et al.*, 1989).

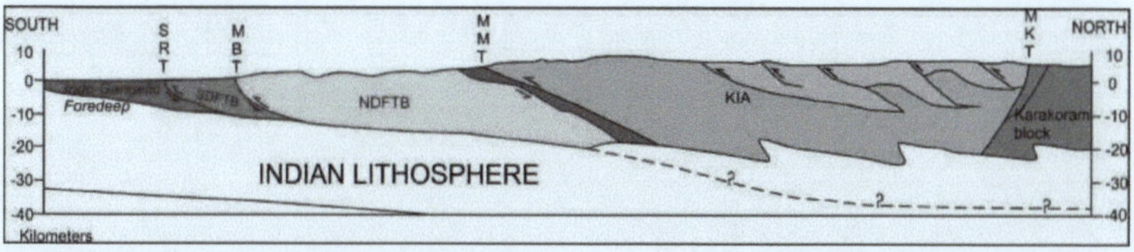

Fig. 2.2 Secção mostrando diferentes terrenos tectónicos do Paquistão do Norte separados por falhas regionais (Modificado após Hauck et al., 1998 e Lave & Avouac, 2001)

2.2.2 O impulso principal do Karakorum

O MKT marca o limite sul do Bloco de Karakorum e constitui uma importante caraterística tectónica no norte do Paquistão. É a prova convincente da colisão entre o Bloco de Karakorum, situado a norte, e o KIA, situado a sul (Tahirkheli, 1979, 1982 e 1983). O MKT foi designado por Sutura Setentrional por Pudsey et al. (1985).

2.2.3 O KIA

O KIA formou-se devido à deriva para norte da Placa Indiana e à subducção da parte oceânica sob a Placa Eurasiática no Jurássico Superior ao Cretáceo (Hamidullah e Onstot, 1992; Searle et al., 1987 & Tahirkheli, 1979). Uma zona de sutura categorizada pela presença de rochas de fácies de xisto azul, que separa a Placa Indiana da sobreposição do KIA. O KIA compreende uma cobertura de cerca de 40 km de espessura de rochas vulcânicas, plutónicas calcárias-alcalinas, ultramáficas e máficas, e estende-se por 36000 km^2 área das cordilheiras dos Himalaias, Karakorum e Hindukush (Hamidullah e Onstot, 1992).

O KIA orientado este-oeste é composto por rochas ígneas (vulcânicas e plutónicas) com rochas sedimentares subordinadas, que são deformadas e metamorfoseadas até certo ponto.

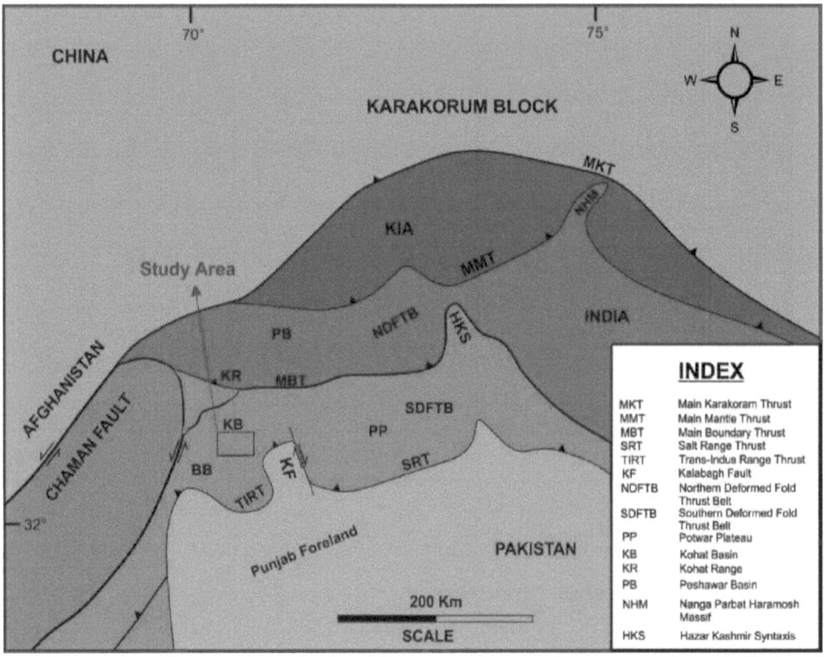

Fig. 2.3 Mapa tectónico do norte do Paquistão (modificado de Pegler e Das, 1998). O retângulo mostra a localização da área de estudo

2.2.4 O impulso principal do manto

O MMT situa-se a norte do NDFTB e é o impulso mais meridional do Paquistão, que envolve a crosta inferior com o plano de falha a mergulhar entre 25-45° para norte (LeFort, 1975; Bard, 1983 & Malinconico, 1986). O maciço de Nanga Parbat Haramosh formou-se como resultado de uma grande inclinação na tendência do MMT e consiste em xistos e gnaisses proterozóicos com uma sequência de mais de 15 km de espessura no KIA (Madin, 1986).

Em 1982, Zeitler et al. trabalharam nos rastos de fissão ao longo da MMT, o que sugere que o movimento relativo dos blocos de cada lado da MMT terminou há cerca de 15 Ma. No entanto, a convergência não parou devido ao desenvolvimento do MMT e continuou a uma taxa de 5 mm/ano desde o Eoceno, o que resultou na colisão continente-arco-continente (Karakorum-Kohistan-India) (Patriate e Achache, 1984).

2.2.5 A Cintura de Dobras e Empuxos Deformados do Norte

O NDFTB é confinado pelo MMT no norte e pelo MBT no sul, composto por rochas sedimentares, meta-sedimentares e ígneas severamente deformadas. O MBT separa a NDFTB da Cintura de Dobras e Empuxos Deformados do Sul. A extensão lateral da NDFTB vai da região de Kurram, perto da fronteira afegã, a oeste, até à bacia de Caxemira, a leste (Khan, 2011). Devido à proliferação contínua da deformação a sul, desenvolveu-se um sistema de falhas jovens a sul. O MBT e o SRT são os principais membros deste sistema de falhas (Zeitler et al., 1982, Zeitler, 1985 & Yeats e Hussain, 1987).

2.2.6 O principal impulso de fronteira

O MBT é uma prova clara da propagação para sul da deformação dos Himalaias, estendida ao longo da frente da NDFTB desde a Sintaxe Hazara Caxemira, no nordeste, até à área de Orakzai, no sudoeste. O MBT transporta as rochas pré-colisionais do Paleozoico e do NDFTB, ou seja, rochas sedimentares e metassedimentares do Mesozoico, na sua parede suspensa, ao passo que a parede inferior inclui as rochas dobradas pós-colisionais do Miocénico, ou seja, depósitos da bacia do foreland (Khan, 2011). As margens setentrionais das cordilheiras de Kalachitta e Hazara são confinadas pelo MBT, que se crê estar associado às falhas de Hazara e Murree (Seeber et al, 1979 & Yeats e

Lawrence, 1984).

2.2.7 A Cintura de Dobras e Empuxos Deformados do Sul

A faixa montanhosa dos Himalaias, desde o delta do Ganges, na Índia, até à agência do Waziristão do Sul, no Paquistão, é delimitada pela SDFTB. Trata-se de uma cintura de dobragem e de empuxo com tendência este-oeste, coberta por uma massa espessa de depósitos fluviais. No início do Mioceno, esta cintura foi o principal centro de depósito do afluxo de sedimentos sinorogénicos (Ahmad, 2003). O rio Indo subdividiu ainda mais a SDFTB na bacia de Kohat, a oeste, e na bacia de Potwar, a leste. A bacia de Potwar contém um cinturão de dobras e de empuxos internamente menos deformado, com uma largura estimada de 150 km na direção norte-sul (Kazmi e Rana, 1982). A parte norte da bacia de Potwar é conhecida por Zona Deformada do Norte de Potwar (NPDZ) e é delimitada pela cordilheira Hazara/Kalachitta. O flanco sul da SDFTB é uma frente de deformação ativa, marcada pela SRT e pela TIRT, ao longo da qual as rochas do Cambriano e do Paleoceno são empurradas para o interior do Punjab (Ahmad, 2003).

2.2.8 O Punjab Foredeep

A zona de anteprojeto do Punjab delineia a extensão mais meridional da cadeia montanhosa dos Himalaias no escudo indo-paquistanês, marcada por SRT e TIRT. O anteprojeto do Punjab está subjacente a sedimentos quaternários não consolidados que actuam como centro de depósito dos detritos erodidos dos Himalaias a norte (Ahmad, 2003).

2.3 Cenário tectónico da área de estudo

A área de investigação situa-se no KFB ocidental, que por sua vez faz parte do SDFTB, abrangendo Manzalai e áreas adjacentes. A tectónica da área de estudo é caracterizada principalmente por dobras e falhas de impulso devido às tensões de compressão resultantes do movimento da placa indiana para norte. A oeste da KFB ocidental, existe a Falha de Kurram, que é uma falha de deslizamento. Como resultado do movimento ao longo da falha de Kurram, a tendência geral das rochas na parte ocidental da área de estudo muda para oeste-noroeste. As principais estruturas da zona são o sinclinal de Khattak Banda, a falha de Karbogha, a falha de Gurguri-Sharki, o sinclinal de Gurguri, o anticlinal de Ganderi, o anticlinal de Manzalai Ghar e o anticlinal de Dargai (Fig. 4.3). A estratigrafia desempenha um papel fundamental no desenvolvimento do tecido tectónico da zona. As formações subjacentes, como o xisto de Panoba, têm um efeito importante na deformação da área de estudo. Devido a isto, a área é caracterizada por uma zona de descolamento que causa as estruturas de dobra na subsuperfície superior, mas estas dobras e falhas de impulso não se projectam mais profundamente na subsuperfície (Ahmad, 2003).

CAPÍTULO 3

QUADRO ESTRATIGRÁFICO

3.1 Visão geral

A investigação pormenorizada da KFB indica que a geologia do afloramento é dominada por rochas da plataforma do Eoceno, que têm um contacto inconformável com os sedimentos de molassos do Mioceno ao Plio-Pleistoceno sobrejacentes, que incluem os grupos Rawalpindi e Siwalik (Ahmad, 2003) (Quadro 3.1). A unidade rochosa mais antiga exposta na área de estudo é o xisto Panoba do Eocénico, enquanto a história e os dados da exploração de hidrocarbonetos sugerem que a formação Datta do Jurássico inicial é a unidade rochosa mais antiga não exposta (Ali, 2007) (Quadro 3.1). Os pormenores estratigráficos das rochas do Eoceno ao Mioceno baseiam-se nas observações de campo e na revisão da literatura (Meissner *et al*, 1974 & 1975; Shah, 1977 & Wells, 1984), ao passo que as rochas não expostas do Jurássico ao Paleoceno se baseiam principalmente nos dados publicados por Ali, (2007).

O registo estratigráfico do KFB revela três grandes fases evolutivas. Na primeira fase, as rochas sedimentares de idade paleozóica a mesozóica foram depositadas na margem passiva norte da placa indiana. Seguiu-se a formação de uma bacia profunda anterior ao Paleogénico, que se encheu durante o Cretáceo mais recente até ao início do Eocénico. Por fim, as estruturas de tendência este-oeste associadas à compressão norte-sul principal deram origem a uma bacia de profundidade anterior neogénica durante o Mioceno-Plioceno.

3.2 Estratigrafia da área de estudo

As rochas expostas na área de estudo são explicadas abaixo e ilustradas na Tabela 3.2.

3.2.1 Sequência do Eoceno

A sucessão eocénica exposta na área de estudo é descrita da seguinte forma:

Tabela 3.1 Coluna estratigráfica generalizada do KFB Modificado de Meissner *et al.*, 1974 & 1975 (Não está à escala)

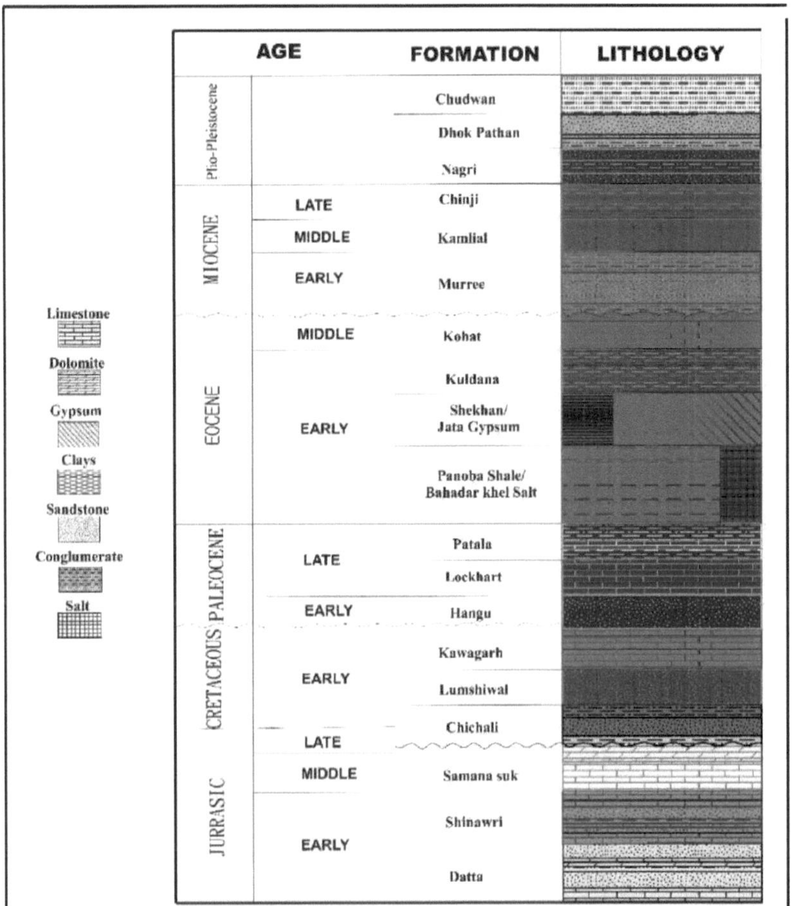

3.2.1.1 Xisto de Panoba

O xisto de Panoba está bem exposto na secção-tipo da aldeia de Panoba i-e localizada a nordeste da cidade de Kohat e em Sheikhan Nala (Wells, 1984).

Tabela 3.2 Coluna estratigráfica da área de estudo com base na observação de campo e na literatura publicada

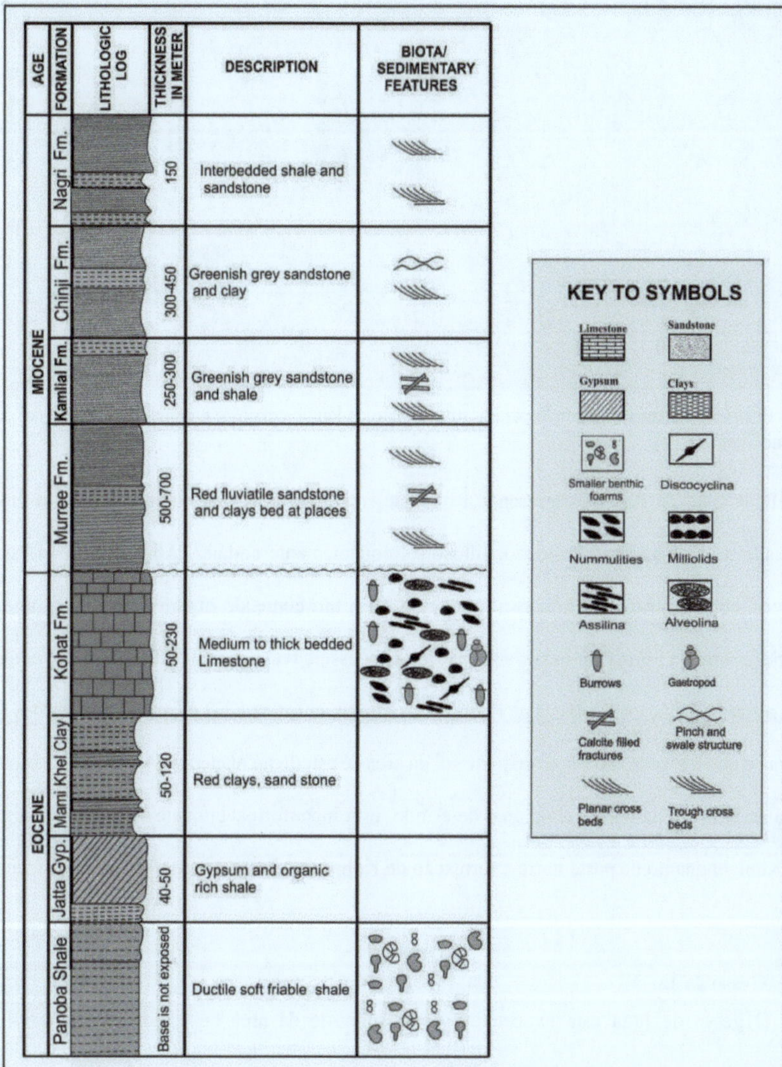

Fig. 3.1 Ilustração de campo, olhando para oeste, do xisto de Panoba exposto no núcleo do Anticlinal de Manzalai Ghar

No KFB, o xisto de Panoba representa a base da sequência eocénica que contém xisto cinzento esverdeado a verde azeitona, calcário, siltoso e frequentemente nodular (Ahmed, 2003) (Fig. 3.1). Por vezes, contém xisto cinzento escuro a preto, com um conteúdo orgânico modesto,tornando-o difícil de separar da Formação Patala subjacente. A espessura real do xisto de Panoba não é conhecida porque a sua base não está exposta na maioria dos afloramentos na KFB e varia em diferentes locais. Verifica-se que é espesso ao longo da parte sul da área de estudo no núcleo do Anticlinal de Manzalai. O xisto de Panoba, na parte sul da área de estudo, está inconformavelmente sobreposto à argila de Mami Khel, enquanto na parte norte a formação de Kohat se sobrepõe inconformavelmente ao xisto de Panoba.

3.2.1.2 Gesso Jatta

O gesso de Jatta está exposto na parte sudoeste da área de estudo. Foi anteriormente considerado como uma porção do sal de Bahadur Khel e incluído na "Série Salina de Kohat" de Gee (1945). Consiste em leitos de gesso duro, branco-esverdeado a cinzento, espessos e maciços. Apresenta xistos esbranquiçados, carbonatos finos ricos em argila, arenitos cheios de canais e fragmentos de argila vermelha, roxa e verde. A caraterística significativa do afloramento do Jatta

O gesso tem margens recortadas e afiadas com bandas brancas e cinzentas. Tem um odor petrolífero e é cinzento-escuro a preto em alguns locais devido ao revestimento de hidrocarbonetos nas superfícies fracturadas. O gesso de Jatta é uma unidade rochosa não fossilífera. Situa-se conformavelmente no topo Está confortavelmente sobre o sal de Bahadur Khel, o xisto de Panoba e a formação de Shekhan em diferentes áreas, mas está confortavelmente sob a argila de Mami Khel em toda a KFB (Kazmi e Abbasi, 2008).

Fig. 3.2 Fotografia de campo do gesso de Jatta exposto no núcleo do Anticlíneo de Manzalai Ghar

3.2.1.3 Mami Khel Argila

A argila Mami Khel de Meissner et al. (1974) contém argilas moles, siltosas, calcárias e predominantemente vermelho acastanhado (Fig. 3.3).

Fig. 3.3 As argilas vermelhas acastanhadas da argila de Mami Khel, expostas ao longo do limbo norte do sinclinal de Khattak Banda

É pouco estratificada, plástica e consiste em conglomerados de arenito e lentes de calcário em alguns locais. A espessura da argila de Mami Khel varia de poucos metros a mais de 150 m na KFB devido ao seu comportamento plástico e, em geral, afina-se de leste para oeste. Está amplamente dispersa em toda a KFB, exceto na parte sudoeste, onde está ausente do núcleo do Anticlinório Manzalai Ghar. A argila de Mami Khel está confortavelmente subjacente à Formação Kohat em toda a KFB. A argila de Mami Khel tem um contacto inconformável com o xisto de Panoba e o gesso de Jatta subjacentes na KFB.

3.2.1.4 Formação Kohat

A Formação Kohat é composta principalmente por leitos de calcário compactados, densos e maciços, intercalados com xisto, que formam as altas cristas que modelam a fisiografia da área de estudo (Fig. 3.4).

Fig. 3.4 (a) Vista de afloramento da parte inferior da Formação Kohat com finos leitos de calcário com xisto subordinado. (b) Cume da Formação Kohat exposto na área de Mardan Khel, mostrando leitos maciços de calcário

O calcário é de grão fino, articulado e fossilífero, com abundância de Forams e Nummulites. O xisto é de cor variável e predominantemente cinzento-esverdeado, macio, poroso, friável e calcário com leitos fossilíferos. A Formação Kohat sobrepõe-se confortavelmente à argila de Mami Khel e o seu contacto superior é inconformável com a sequência do Miocénico, marcando este contacto uma inconformidade, uma vez que a sequência completa do Oligocénico está ausente na KFB.

3.2.2 Grupo Rawalpindi

O grupo Rawalpindi é composto por duas formações de idade Miocénica, nomeadamente a Formação Murree e a Formação Kamlial, que são descritas a seguir:

3.2.2.1 Formação Murree

A Formação Murree na área de estudo contém uma sequência alternada de xisto vermelho-púrpura e arenito cinzento-púrpura e cinzento-esverdeado, com marga em alguns locais e está ausente no sul da KFB (Ahmad, 2003) (Fig. 3.5).

Fig. 3.5 Ilustração de campo dos arenitos e xistos da Formação Murree expostos no núcleo do sinclinal de Khattak Banda

A Formação Murree está confinada à parte norte da área de estudo e está exposta no núcleo do sinclinal de Khattak Banda e do sinclinal de Sarozai Este. Na área de estudo, apresenta uma percentagem mais elevada de arenito, de grão médio a grosseiro, com xistos e siltitos intercalados. O contacto superior da Formação Murree é amplamente transitório com a Formação Kamlial, enquanto o seu contacto inferior é inconformável com a Formação Kohat. A espessura da Formação Murree é de cerca de 250 metros.

3.2.2.2 Formação do Kamlial

O nome Formação Kamlial foi proposto por Lewis (1937) após o Estágio Kamlial de Pinfold (1918), que foi posteriormente aprovado pelo Comité Estratigráfico do Paquistão (1977).

Fig. 3.6 Vista exterior do arenito com camadas cruzadas da Formação Kamlial, exposto na zona de Gurguri

A Formação Kamlial consiste predominantemente em arenito cinzento claro a cinzento esverdeado, xisto vermelho e argilas na área de estudo. O arenito da Formação Kamlial é suficientemente duro para formar cristas afiadas e tem um grão médio a grosseiro e um leito cruzado (Fig. 3.6). As argilas da Formação Kamlial são castanhas a castanho-avermelhadas, intercaladas com siltitos. A espessura da Formação Kamlial é de cerca de 650 metros e está bem exposta em toda a KFB (Meissner *et al.*, 1974). A Formação Kamlial sobrepõe-se transitoriamente à Formação Murree no lado norte, enquanto a sua base marca a inconformidade com a Formação Kohat na parte sul da KFB. Tem um contacto superior conformável com a Formação Chinji do Grupo Siwalik. Foram encontrados mamíferos na formação, o que indica uma idade Miocénica média para a Formação Kamlial.

3.2.3 Grupo Siwalik

O Grupo Siwalik, de idade Pliocénica-Pleistocénica, é constituído por uma sequência de molassos de várias centenas de metros de espessura, depositada no KFB, em resultado da orogenia dos Himalaias. Na área de estudo, estão expostas as seguintes rochas do Grupo Siwalik:

3.2.3.1 Formação Chinji

A designação "Formação Chinji" foi utilizada pela primeira vez por Lewis (1937) após a "Zona Chinji" de Pilgrim (1913). É composta maioritariamente por xisto vermelho, multicolorido argila e arenito cinzento-acinzentado e cinzento-esverdeado.

Fig. 3.7 Fotografia mostrando o contacto nítido entre a Formação Chinji e a Formação Nagri exposta na área de Amankot

O arenito da Formação Chinji é de grão muito fino, com leito médio, macio e friável (Fig. 3.7). A proporção de arenito e argila é de 30:70% no KFB. A formação está principalmente restrita aos vales sinclinais formados na parte sul da área, com uma espessura de cerca de 600 metros. Está bem exposta nos núcleos do Sinclinal de Karbogha e do Anticlinório de Gurguri. Tem contactos superiores e inferiores confirmáveis com as formações de Nagri e Kamlial, respetivamente. A idade da Formação Chinji é do Miocénico médio a tardio.

3.2.3.2 Formação Nagri

A "Etapa Nagri" de Pilgrim (1913) e a "Formação Nagri" de Lewis (1937) são compostas principalmente por arenitos cinzentos a cinzentos-esverdeados intercalados com xistos vermelhos no interior da KFB. A parte superior da formação contém clastos intra-formais e camadas finas de conglomerado polimítico.

Fig. 3.8 Uma fotografia de campo virada para leste, mostrando os leitos de arenito da Formação Nagri, com declive acentuado, expostos no núcleo do Anticlíneo Sam

O arenito é de grão médio a grosseiro, com camadas cruzadas, bem articulado e com camadas grossas a maciças (Fig. 3.8). A proporção de arenito e argila é de 70:30% na Formação Nagri. A argila é castanho-chocolate-avermelhada, siltosa e raramente intercalada com siltito. A espessura da formação não é conhecida porque é mais jovem e o seu topo está erodido na área de estudo. Está bem exposta nos núcleos do sinclinal de Gurguri e do Anticlinal de Darish Khel, tendo um contacto inferior confirmável com a Formação Chinji. A idade da Formação Nagri é o Miocénico tardio.

CAPÍTULO 4

QUADRO ESTRUTURAL

4.1 Introdução

A KFB é a extensão lateral das bacias foreland que fazem fronteira com a cintura orogénica dos Himalaias e está localizada na parte noroeste do Paquistão. Tem uma largura aproximada de 70 km desde o MBT (norte) até às cadeias de Surghar e Khisor (sul) e cerca de 150 km desde o rio Indo (leste) até à falha de Kurram (oeste). Supõe-se que a KFB tenha sido o principal depocentro durante o Mioceno, estando atualmente elevada e deformada numa típica cintura de dobras e deformações do foreland (Ahmad, 2003).

Num esforço para compreender a evolução estrutural da área, foram propostos por diferentes investigadores três modelos de deformação diferentes do KFB no passado. O primeiro modelo propôs que as rochas mais antigas que o Terciário têm uma cunha ativa de fatias de empuxo para sul e dobras de dobra de falha sobrepostas pelas estruturas expostas que fazem parte de um empuxo de telhado passivo (Mc Dougall & Hussain, 1991 & Abbasi & Mc Elory, 1991) (Fig. 4.1). No segundo modelo, foi sugerido que a evolução estrutural da KFB foi altamente influenciada pelas falhas de deslizamento de ataque profundamente enraizadas (Fig. 4.1) que estão expostas à superfície como anticlinais duplamente invertidos e apertados (Pivnik & Sercombe, 1993).

O terceiro modelo introduz um novo conceito de estilo estrutural e tipifica uma deformação de pele fina a nível regional controlada pelo par de decalques, ou seja, a base das rochas pré-cambrianas e eocénicas na parte norte e oeste da KFB. Este modelo prevê que as estruturas deformadas de pele fina sejam sobrepostas por estruturas de pele espessa no lado sul da KFB (Ahmad, 2003).

O presente trabalho trata de uma parte do KFB (Fig. 1.1), com especial ênfase na modelação estrutural em 2D e 3D. Este capítulo, portanto, preocupa-se com o quadro estrutural regional do KFB ocidental e, em seguida, descreve as estruturas associadas ao seu estilo de deformação em superfície e sub-superfície. É proposto um modelo estrutural do KFB, que tem em conta a heterogeneidade mecânica controlada litologicamente ao construir um modelo de subsuperfície (Fig. 4.2).

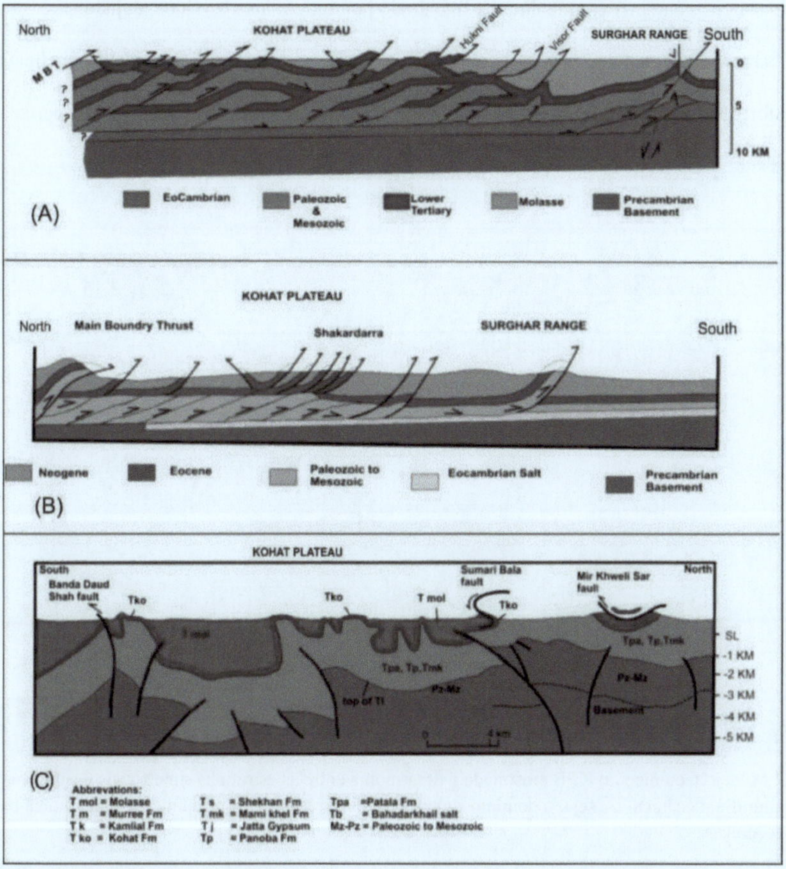

Fig. 4.1 Imagem mostrando os modelos tectónicos anteriores da Bacia do Foreland de Kohat. (A) Mc Dougall & Hussain, (1991) (B) Abbasi & Mc Ellory, (1991) (C) Pivinik & Sercombe, (1993)

4.2 Modelo estrutural proposto para o KFB

Como já foi referido, o par de descolamentos, ou seja, a base das sequências do Pré-Cambriano e do Eocénico, existe no KFB, o que controla a deformação de pele fina (Ahmad, 2003). Devido à presença destes destacamentos estruturais, a sequência estratigráfica da KFB divide-se em domínios estruturais-estratigráficos superiores e inferiores, que compreendem rochas do Eocénico ao Pliocénico e do Cambriano ao Paleocénico, respetivamente (Fig. 4.2). O domínio inferior é frágil, dobrado e fracturado por uma rede de falhas que se estendem para sul, ao passo que o domínio superior é relativamente dúctil e fracturado por anticlinais apertados, duplamente mergulhantes, duplamente revirados e empurrados, separados por amplas depressões sinclinais. Os retro-esforços são comuns nas profundidades rasas para acomodar a deformação mais apertada perto da superfície (Fig. 4.2).

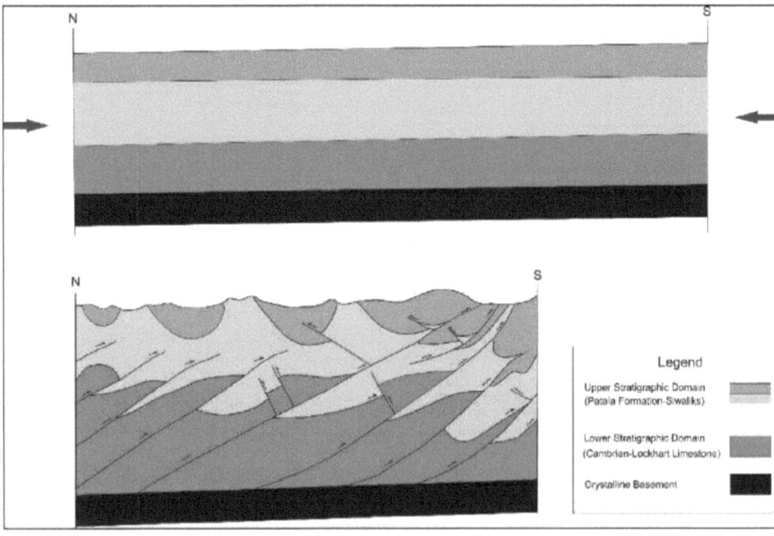

Fig. 4.2 Modelo tectónico do KFB mostrando a desarmonia entre as estruturas superficiais e sub-superficiais e a estratigrafia mecânica, ou seja, o domínio superior e inferior separados por um descolamento na base das rochas eocénicas

4.3 Configuração estrutural da bacia ocidental de Kohat Foreland

A área do projeto situa-se no sul da MBT, que abrange a parte ocidental da KFB entre o sinclinal leste de Sarozai, a norte, e o anticlinal de Dargai, a sul (Figs. 4.3 e 4.4). Tectonicamente, a área está severamente deformada em resultado da propagação para sul da orogenia dos Himalaias, que formou as estruturas regionais de tendência este-oeste. Mais tarde, a deformação transpressional de estruturas pré-existentes torna a geometria estrutural mais complicada (Ahmad, 2003 & Ahmad et *al.*, 2004) e a tendência muda para oeste-noroeste na parte ocidental da área (Rehman *et al.*, 2009) (Fig. 4.4). As rochas expostas na área de estudo são de idade eocénica a pliocénica, constituídas por xisto, calcário, arenito, gesso e conglomerados, o que resulta num relevo topográfico baixo e numa paisagem montanhosa acidentada (Fig. 1.3). De acordo com o registo de fácies, a KFB ocidental era uma bacia evaporítica restrita no início do Eocénico, que progrediu para uma bacia terrestre no Miocénico (Pivnik e Wells, 1996). As geometrias estruturais de superfície e o modelo de subsuperfície correspondente são discutidos separadamente para explicar de forma abrangente a geologia estrutural da área.

4.3.1 Estruturas de superfície

A fisiografia da área do projeto mostra vales abertos e largos associados a pequenas cristas. As unidades de rocha mais rígidas (calcário e arenito) formam as cristas, enquanto as rochas macias e incompetentes (xisto, argilas) se encontram nos vales. A geologia de superfície da área de estudo é controlada principalmente pelas tensões norte-sul (compressão) e, no lado ocidental, pela transpressão (zona de falha de Kurram lateral esquerda).

As dobras na área do projeto são abertas a apertadas, com tendência este-oeste, reviradas, duplamente mergulhantes e com o seu eixo de dobra a inclinar-se para norte ou sul. As falhas são de tendência leste-oeste, listradas, inversas, de retrocesso e de avanço, com os seus planos de falha a mergulhar num ângulo que varia entre 30°-80° para norte ou sul. As estruturas cartografadas são descritas abaixo para uma descrição completa da geologia de superfície da área:

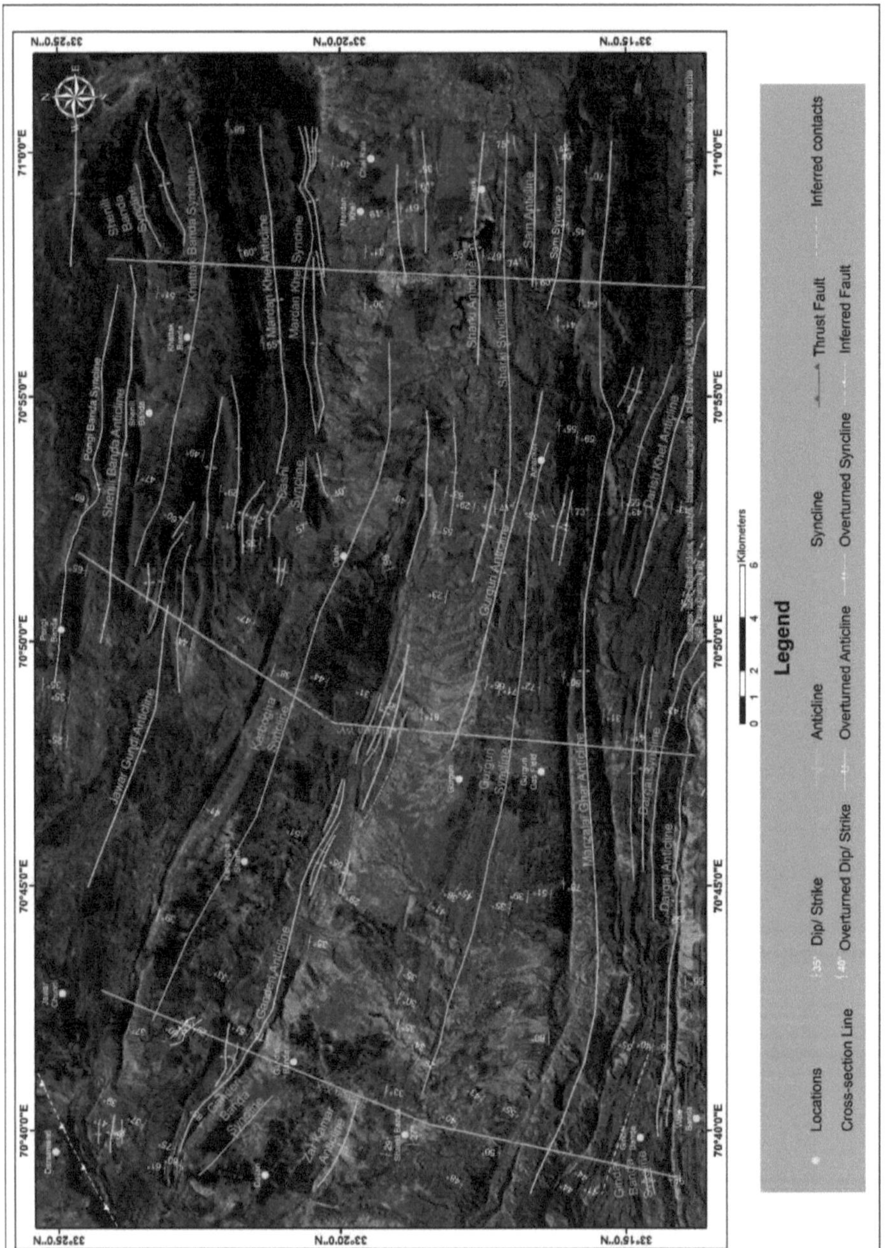

Fig. 4. 3 Imagem Landsat mostrando as principais dobras e falhas com uma tendência este-oeste na parte oriental da área de estudo, enquanto que muda para WNW no lado ocidental

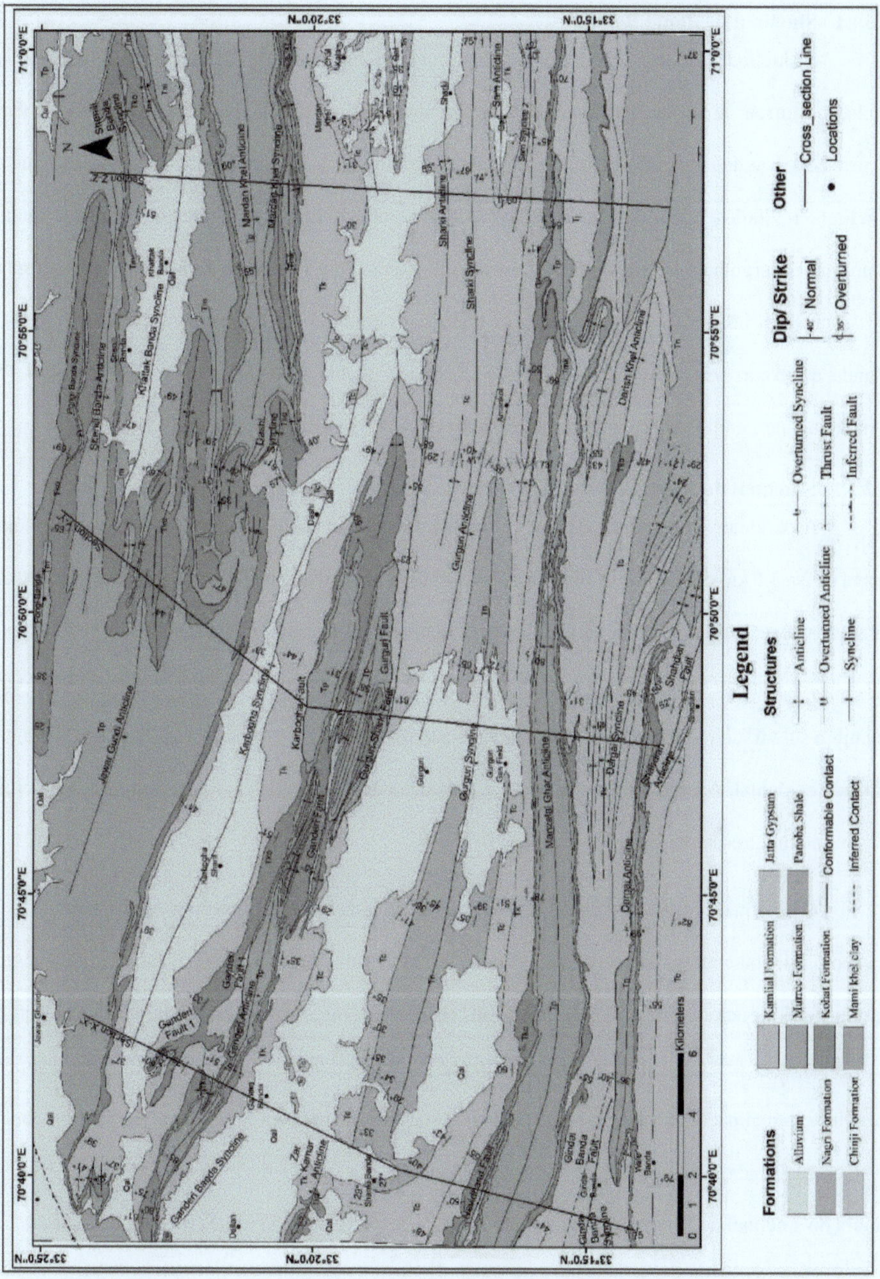

Fig. 4.4 Mapa geológico da bacia ocidental de Kohat Foreland

4.3.1.1 Sinclinal de Pongi Banda

O sinclinal de Pongi Banda é uma dobra invertida, formada pela dobragem das formações de Kohat e Murree. A Formação Murree situa-se no núcleo do sinclinal, enquanto a Formação Kohat ocorre ao longo dos membros. A argila de Mami Khel situa-se ao longo do limbo setentrional, que é um limbo revirado e mergulha num ângulo de 69° para norte. O ramo sul do sinclinal de Pongi Banda é normal e mergulha num ângulo de 40° para norte, contendo a Formação Kohat, enquanto a argila de Mami Khel não está presente. O Sinclinal de Pongi Banda é seguido pelo Anticlinal de Shenili Banda, que é corroído pelo Xisto de Panoba e a Formação Kohat encontra-se nos membros (Fig. 4.3). O sinclinal de Pongi Banda é uma dobra apertada duplamente mergulhante.

4.3.1.2 Sinclinal de Khattak Banda

A parte norte da área de estudo, entre Shenili Banda e Mardan Khel, é um vale amplo com cerca de 2 a 3,5 km de largura e 11 km de extensão lateral, que marca o núcleo do sinclinal de Khattak Banda. A parte central deste sinclinalório é definida por um grande sinclinal designado por Sinclinal de Khattak Banda. O sinclinal de Khattak Banda é uma dobra de tendência este-oeste com um membro sul virado no lado oriental. A sua tendência muda de este-oeste para oeste-noroeste ao longo do lado ocidental. A Formação de Murree e a Formação de Kohat existem no núcleo e nos membros deste sinclinal, respetivamente.

O sinclinal de Khattak Banda tem um fecho pronunciado em direção a Anar China no seu extremo oriental e alarga-se para oeste. O ramo norte do sinclinal de Khattak Banda mergulha com um ângulo que varia entre 45° e 55° para sul, enquanto o ramo sul é normal na parte ocidental e mergulha entre 43° e 60° para norte. Ao longo do limbo meridional, à medida que nos deslocamos para leste, a inclinação das rochas muda gradualmente de norte para sul e, no lado oriental do sinclinal de Khattak Banda, é revolvida com inclinações acentuadas, variando de 55° a 65° para sul. O eixo da dobra do sinclinal de Khattak Banda está virado para norte. (Figs. 4.11 e 4.12).

Fig. 4.5 A fotografia de campo mostra uma vista regional virada para leste da extremidade ocidental do Sinclinalório de Khattak Banda a partir do seu núcleo. A Falha de Khattak Banda e pequenas dobras estão assinaladas no fecho ocidental do sinclinalório

A parte nordeste do sinclinal de Khattak Banda é constituída pelo sinclinal de Shenili Banda, seguido do anticlinal de Anar China. A Formação Murree situa-se no núcleo e a Formação Kohat cobre os membros do sinclinal de Shenili Banda. A sua tendência muda de este-oeste para sudoeste na parte ocidental do sinclinal. O ramo norte do sinclinal de Shenili Banda é normal e o mergulho varia entre 40° e 50° a sudeste. O membro sul é o membro comum entre o sinclinal de Shenili Banda e o Anticlinal de Anar China, que mergulha com um ângulo que varia entre 30° e 40° a noroeste. O anticlíneo de Anar China é coberto pela argila Mamikhel e os membros cobrem a formação Kohat. O membro sul deste anticlinal está a mergulhar para sul com um ângulo de 30° a 40°. A tendência do Anticlíneo de Anar China é oeste-oeste-sul e é uma dobra que se estende para sul (Figs. 4.3 e 4.4).

O sinclinalório de Khattak Banda abre-se no lado ocidental, que se encontra sobrelevado e deformado em anticlinais e sinclinais de nível local com tendência este-oeste (Fig. 4.5). Estas dobras secundárias formaram-se devido às forças de compressão norte-sul e a área situa-se a sul do MBT.

4.3.1.3 Anticlinório Jawar Gundi

O Anticlinório de Jawar Gundi é o resultado da deformação secundária no Anticlinal de Jawar Gundi. A maior parte da sua extensão é plana e larga no lado ocidental, enquanto a parte oriental é elevada e deformada numa série de sinclinais e anticlinais abertos de baixa amplitude e com tendência este-oeste. A principal estrutura anticlinal denominada Anticlinal de Jawar Gundi situa-se na parte central deste anticlinório.

O Anticlíneo de Jawar Gundi é corroído pelo Xisto de Panoba e a Formação Kohat encontra-se nos membros. O seu ramo norte é suave (mergulha 25°-35°) para norte e o ramo sul é moderadamente íngreme (mergulha 37°-41°) para sul. A sua tendência é este-oeste no lado oriental e muda para oeste-noroeste na parte ocidental. Trata-se de um anticlíneo aberto, com inclinação para sul e em mergulho. O anticlinal de Jawar Gundi mergulha para oeste, o que marca o elevado nível de erosão na parte oriental e expõe o xisto de Panoba. As rochas mais jovens (Formações de Kohat e Murree) situam-se na parte oriental, o que ilustra uma série de dobras orientadas para leste-oeste e uma falha intraformacional na Formação de Kohat (Fig. 4.3 e 4.4).

4.3.1.4 Anticlinório de Mardan Khel

A zona elevada entre as aldeias de Khattak Banda e Mardan Khel ilustra o anticlíneo de Mardan Khel. Trata-se de um anticlíneo virado, orientado quase no sentido este-oeste, com uma exposição superficial de 1 a 2,5 km de largura e uma extensão paralela de cerca de 13 km na área de estudo. A rocha mais antiga exposta na área de estudo, ou seja, o xisto de Panoba, está presente no núcleo do anticlíneo de Mardan Khel. O seu limbo setentrional é constituído por rochas viradas e com uma inclinação acentuada (55°-65°) para sul das formações Mamikhel Clay, Kohat e Murree. A parte meridional deste anticlíneo está também revirada e apresenta uma inclinação moderada (30°-40°) para norte, tendo desenvolvido anticlinais e sinclinais de pequena escala de nível local, com tendências leste-oeste e leste-nordeste. O Anticlinório de Mardan Khel mergulha de forma plana nas suas extremidades oriental e ocidental.

A estrutura mais setentrional na terminação ocidental do khel de Mardan

O anticlíneo é um pequeno anticlíneo orientado a este-oeste, tendo o xisto de Panoba no núcleo e a argila de Mamikhel e a formação Kohat nos membros. Este anticlinal é seguido por um sinclinal intraformacional (Formação Kohat), que está novamente ligado a um anticlinal em direção a sul (Figs. 4.3 e 4.4).

4.3.1.5 Sinclinório de Karbogha

Localiza-se a sul do Anticlinal de Jawar Gundi (Figs. 4.3, 4.4 e 4.10) com uma mudança de tendência de oeste-noroeste para leste-oeste, à medida que nos deslocamos de oeste para leste ao longo do eixo da dobra. Trata-se de um sinclinal largo (1-3,5 km) e aberto, com uma extensão lateral de cerca de 18 km. O membro norte tem mergulhos moderadamente íngremes que variam de 37° a 41° para sul, enquanto o membro sul tem mergulhos íngremes (33°- 60°) para norte. As formações de Chinji e Kamlial cobrem o núcleo, enquanto a formação de Kohat flanqueia o sinclinal de Karbogha. Na parte central do sinclinal, o membro sul apresenta uma falha que marca o contacto entre o xisto de Panoba e a formação Kamlial, designada por falha de Karbogha. O xisto de Panoba foi empurrado sobre a Formação Kamlial com um plano de falha de ângulo baixo (20° a 25°) que mergulha para sul. A falha de Karbogha é um retropropulsor à escala local (Figs. 4.3, 4.4 & 4.11).

O membro sul do sinclinal de Karbogha está deformado em dobras de pequena escala e numa falha na extremidade oeste. A estrutura mais setentrional na parte ocidental do limbo meridional é um anticlíneo virado para noroeste, que tem como núcleo a Formação Kohat, enquanto a Formação Kamlial cobre os flancos. Este anticlíneo é seguido por um sinclinal revirado com a Formação Kamlial no núcleo e a Formação Kohat nos membros. O membro sul deste sinclinal revirado é cortado pela Falha 1 de Ganderi, que mergulha para norte (vergência para sul) e que empurra a Formação Kohat sobre a Formação Kamlial (Figs. 4.3, 4.4 e 4.10). As dobras presentes a norte da falha são reviradas em resultado do movimento para sul ao longo da Falha 1 de Ganderi. Na terminação ocidental do Sinclinalório de Karbogha, existem alguns níveis locais, anticlinais e sinclinais orientados a oeste-sul (Figs. 4.3 & 4.4).

4.3.1.6 Anticlinório de Ganderi

A área entre Karbogha e Ganderi Banda é elevada e deformada em várias dobras e falhas orientadas no sentido este-oeste. A parte ocidental desta zona é definida por uma grande dobra designada por Ganderi Anticline. O Anticlíneo de Ganderi tem um fecho proeminente na sua terminação oriental em direção ao nordeste da Banda de Ganderi, onde a Argila Mamikhel do

Eocénico e a Formação Kohat estão envolvidas em torno do núcleo constituído pelo Xisto Panoba do Eocénico (Fig. 4.4). Trata-se de um anticlíneo apertado, de tendência este-oeste, duplamente mergulhante e revirado, com o eixo de dobra a sul. A inclinação do membro norte do Anticlinal de Ganderi varia entre 50° e 61° norte e deforma-se em pequenas dobras orientadas para nordeste na sua extremidade ocidental. O xisto de Panoba é empurrado sobre a Formação Kamlial na parte central do membro norte e o mergulho (25°-30° sul) do plano de falha opõe-se ao estilo regional de falhas na KFB. O membro sul tem mergulhos normais (30°- 40° sul) na extremidade oriental, enquanto muda gradualmente para mergulhos acentuadamente invertidos (75°- 85° norte) à medida que nos movemos em direção à sua terminação ocidental (Figs. 4.3, 4.4, 4.10, 4.11 & 4.12).

A Falha de Ganderi, orientada a este-oeste, está localizada a sudeste do Anticlinal de Ganderi, que coloca a Formação Kohat do Eocénico sobre a Formação Kamlial do Miocénico. Trata-se de uma falha de impulso anterior, com uma extensão de cerca de 6,5 km e um plano de falha que mergulha para norte ou para sul (30° a 40°). A sua parede suspensa é constituída por pequenas dobras e uma estrutura principal, o Anticlinal de Ganderi, que incorpora as rochas de xisto de Panoba, a formação de Kohat e as argilas de Mamikhel. Os eixos destas dobras desviam-se alguns graus em relação a este-oeste. A parede do sopé da Falha de Ganderi tem as formações Kamlial, Kohat e Chinji a mergulhar com um ângulo suave (20°-29°) (Figs. 4.4 & 4.5).

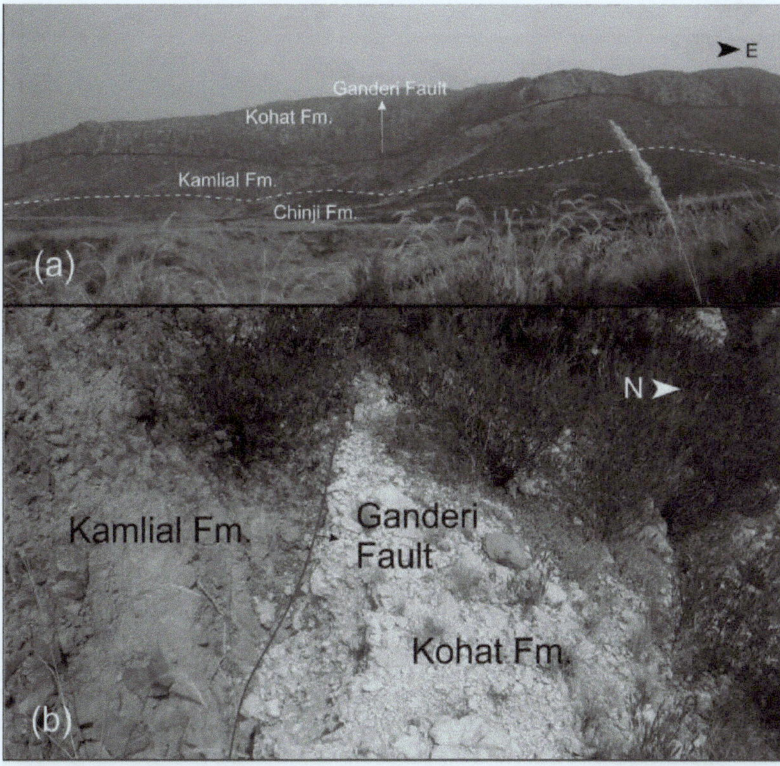

Fig. 4. 6 (a) Fotografia de campo mostrando a vista regional da Falha de Ganderi olhando para norte. (b) A Falha de Ganderi, que mergulha para norte, entre a Formação de Kohat e a Formação de Kamlial

A parte oriental do Anticlinório de Ganderi está gravemente deformada numa série de dobras e falhas, aflorando as rochas do Eocénico e do Miocénico. O xisto de Panoba é empurrado sobre a formação Kamlial no flanco norte (falha de Karbogha) e as formações Kamlial e Chinji no lado sul (falha de Gurguri-Sharki). No entanto, as rochas mais jovens, nomeadamente a Formação Kohat e a Formação Kamlial, expostas na parte central do Anticlinório de Ganderi, constituem a parte elevada da área de estudo (Figs. 1.3 e 4.4).

4.3.1.7 Falha de Gurguri-Sharki

A principal falha exposta na área de estudo é a Falha de Gurguri-Sharki, que se situa no flanco sul do Anticlinório de Ganderi. Estende-se por cerca de 15,6 km com uma orientação este-oeste e um plano de falha com uma inclinação acentuada para norte (50°- 65°). Eleva as rochas da idade do Eocénico e do Miocénico e forma a maior porção elevada na área de estudo com dobragem secundária. Coloca a Formação Kamlial sobre a Formação Chinji e também repete a Formação Chinji na sua extremidade oriental. As inclinações da Formação Kamlial no bloco da parede suspensa são invertidas e reviradas perto da falha, devido ao movimento para sul ao longo da falha (Figs. 4.3, 4.4 & 4.11).

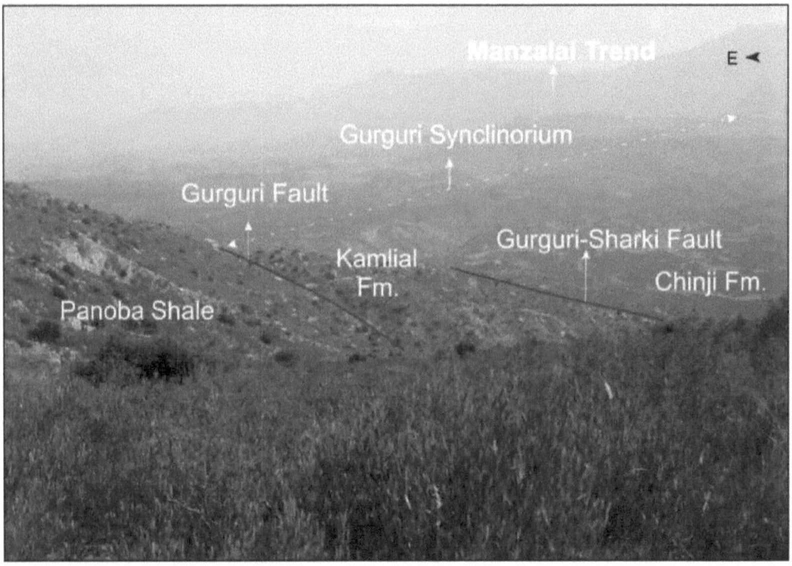

Fig. 4.7 Vista regional sudeste do Sinclinalório de Gurguri, da Falha de Gurguri-Sharki e da Falha de Gurguri

Na parte central, as rochas da Formação Kamlial e da Formação Chinji estão presentes na parede suspensa e no bloco da parede inferior, respetivamente. A norte, encontra-se uma parte da falha de Gurguri-Sharki, denominada falha de Gurguri. A falha de Gurguri é uma falha inversa entre o xisto de Panoba do Eocénico (parede suspensa) e a formação Kamlial (parede do sopé) com um ângulo que varia de 45° a 63°. O xisto de Panoba e a argila de Mamikhel na parede suspensa e as formações de Chinji e Kamlial na parede do sopé marcam o contacto faltoso na parte ocidental da falha de Gurguri-Sharki (Figs. 4.3 e 4.4).

4.3.1.8 Sinclinalório de Gurguri

O vale aberto e amplo, com 4,5 a 7,5 km de largura e 19 km de comprimento na área de estudo, entre a tendência Ganderi (norte) e a tendência Manzalai (sul), marca o sinclinal de Gurguri (Figs. 4.3, 4.4 e 4.7). No centro do Sinclinal de Gurguri, um sinclinal duplamente mergulhante, aberto e com tendência este-oeste define o principal elemento estrutural, que é designado por Sinclinal de Gurguri. O seu núcleo é marcado pela Formação Nagri e a Formação Chinji existe nos membros. O ramo norte tem declives moderadamente acentuados, variando de 40° a 51° para norte, e o ramo sul tem declives suaves, ou seja, de 29° a 41° para sul.

Fig. 4.8 A fotografia de campo virada para sudeste mostra o núcleo do Anticlinal de Gurguri dentro da Formação Chinji perto da aldeia de Amankot

O sinclinal de Gurguri é seguido por um anticlinal designado por Anticlinal de Gurguri, que se situa a norte da sua extremidade oriental. Este anticlinal tem um membro sul mais íngreme (mergulha 55°-65° a sul) do que o membro norte (mergulha 30°- 41° a norte) com o eixo da dobra orientado este-oeste. O núcleo e os membros são ambos constituídos pela Formação Chinji. No nordeste do Anticlíneo de Gurguri formaram-se pequenas dobras devido a dobras secundárias nas rochas da Formação Chinji (Fig. 4.8).

4.3.1.9 Manzalai Ghar Anticlinorium

A principal estrutura dobrada exposta na parte sul da área de estudo é o Anticlinório Manzalai Ghar, orientado a este-oeste, com cerca de 32 km de comprimento e um máximo de 2 km de largura. É um anticlíneo apertado, duplamente mergulhante, com o seu membro norte virado para o lado oriental perto da sua parte central, enquanto que está virado para o lado direito no lado ocidental. O xisto de Panoba e o gesso de Jatta encontram-se no núcleo deste anticlíneo e as rochas do barro de Mamikhel e da formação de Kohat flanqueiam a estrutura.

O membro norte do Anticlíneo Manzalai Ghar está virado (mergulha 64°- 70° sul) e apresenta falhas ao longo das quais o xisto de Panoba é empurrado sobre a argila de Mamikhel. O ramo sul tem declives moderadamente acentuados (40°-55° sul) com dobras de pequena escala associadas nas argilas Mamikhel e na Formação Kohat.

Na porção ocidental do Anticlíneo Manzalai Ghar, o Gesso Jatta não está presente e o Xisto Panoba encontra-se no núcleo, enquanto que os membros são compostos por argila Mamikhel, Formação Kohat e Formação Kamlial (Fig. 4.9). O membro norte é mais íngreme (mergulha 50°-60° norte) do que o membro sul com falha moderadamente inclinada (mergulha 40°-55° sul) (Figs. 4.4 & 4.10). O xisto de Panoba é empurrado sobre a formação Kamlial ao longo da Falha de Navidhand com um ângulo moderado (35°- 38°) que é o empurrão de volta para o norte (Fig. 4.10).

Fig. 4.9 (a) Vista sudeste da parte ocidental do Anticlinório de Manzalai Ghar, mostrando o seu núcleo e o limbo sul (b) indicando o limbo norte virado do Anticlinório de Manzalai Ghar virado para sudoeste

4.3.1.10 Anticlíneo de Dargai com falhas e dobras associadas

O anticlíneo de Dargai situa-se na parte sudoeste da área de estudo, tendo o xisto de Panoba no núcleo e as formações de Kohat e Kamlial nos membros. Trata-se de um anticlinal de tendência este-oeste, com um dos seus membros em falha. A falha é marcada entre o xisto de Panoba (parede suspensa) e a formação Kamlial (parede inferior) com um plano de falha moderadamente inclinado (30°-36° sul). À medida que nos deslocamos de leste para oeste ao longo do membro norte, os mergulhos da rocha tornam-se gradualmente mais íngremes e invertidos (Fig. 4.4).

A área entre o Anticlinal de Manzalai Ghar e o Anticlinal de Dargai compreende a Formação Kamlial, que está dobrada no Sinclinal de Gindai Banda com pequenas dobras associadas. O núcleo deste sinclinal apresenta falhas e os membros representam as rochas da argila Mamikhel e da formação Kohat. A Falha de Gindai Banda, ou seja, o retrocesso da Formação Kamlial e do Anticlíneo Darish Khel, situa-se a noroeste e nordeste do Anticlíneo Dargai, respetivamente. A leste e a sudeste do Anticlinal de Dargai, uma série de anticlinais e sinclinais orientados a noroeste está presente nas formações Chinji e Nagri (Fig. 4.4).

4.3.2 Secções transversais estruturais

Três secções transversais estruturais são construídas regionalmente ao longo da linha X-X', Y-Y' e Z-Z' da Figura 4.4 para compreender o comportamento sub-superficial e a cinemática das estruturas mapeadas, ou seja, as suas geometrias e o deslocamento de diferentes unidades litológicas através destas estruturas. A secção transversal X-X' está localizada na parte ocidental, a Y-Y' na parte central e a Z-Z' na parte oriental da área de estudo (Fig. 4.4). Os dados de sub-superfície relacionados com a sequência estratigráfica das rochas pré-Eocénicas e a profundidade do subsolo são concluídos a partir da literatura publicada por Sercombe *et al.,* (1998), Ahmad (2003) & Ali (2007). O contacto entre as rochas sedimentares e o subsolo cristalino está a cerca de 10 km de profundidade na área de estudo, com um mergulho inicial e regional para norte de 1,4 a 1,5° Ali (2007). As caraterísticas estruturais nas secções transversais X-X', Y-Y' e Z-Z' são descritas abaixo.

4.3.2.1 Secção transversal X-X'

Ao longo da linha de secção transversal X-X' de norte para sul, a falha emergente de Ganderi, que mergulha para norte ou para sul, controla a geometria estrutural da cobertura eocénica (Fig. 4.10). Esta falha corta a superfície ao longo do limbo meridional do Sinclinalório de Karbogha e coloca a Formação de Kohat sobre a Formação de Kamlial. As rochas do bloco da parede suspensa e do bloco da parede inferior são deformadas numa série de dobras desarmónicas. Estas dobras são assimétricas, reviradas e desenvolveram-se acima da superfície de deslizamento composta por xistos das formações Panoba e Patala. Este pacote rico em xisto fornece uma zona de partição de tensões que desconecta os domínios estruturais superior e inferior. A Falha de Navidhand representa o membro norte do Anticlinal de Manzalai Ghar, ao longo do qual o xisto de Panoba do Eocénico é empurrado sobre a Formação Kamlial do Miocénico. Outro impulso anterior, ou seja, a Falha de Gindai Banda, emerge no núcleo do Sinclinal de Gindai Banda, ao longo do qual a deslocação se dá dentro da Formação Kamlial.

O Sinclinal de Karbogha está localizado a sul do Anticlinal de Jawar Gundi, que incorpora a estrutura sinclinal principal (Sinclinal de Karbogha) com pequenas dobras associadas nos membros. A sul do sinclinal de Karbogha existe o anclinal de Ganderi, que aflorou a base eocénica à superfície. O sinclinalório de Gurguri ocorre na parede do sopé (sul) da falha de Ganderi, que corroeu as rochas expostas mais jovens da área de estudo, ou seja, a formação Nagri. O Anticlinório de Manzalai Ghar, a sul do Sinclinalório de Gurguri, corroeu o Xisto de Panoba na área de estudo (Fig. 4.10).

As rochas do Pré-Eocénico têm uma série de falhas cegas listradas e emergentes que partem da base das rochas pré-cambrianas e que controlam a sua geometria estrutural. Estas falhas cegas têm uma inclinação para norte ou para sul e estão localizadas no núcleo do Anticlinório de Ganderi, do Sinclinalório de Gurguri e do Anticlinório de Manzalai Ghar (Fig. 4.10).

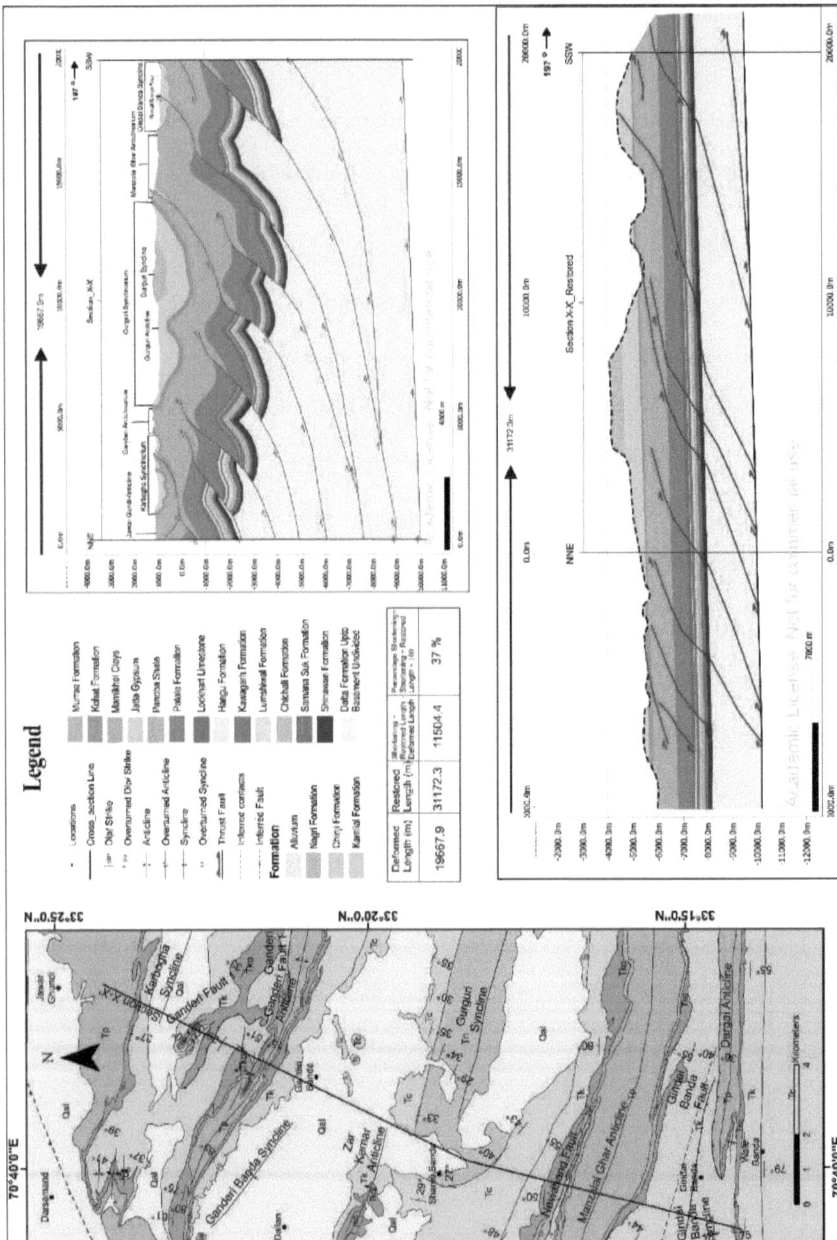

Fig. 4.10 Secção transversal estrutural e secção restaurada ao longo da linha X-X' da figura 4.4

4.3.2.2 Secção transversal Y-Y'

O Anticlíneo de Shenili Banda é uma estrutura dobrada mais a norte ao longo da linha de secção transversal Y-Y' (Fig. 4.11). Traz a base da Sequência Eocénica para a superfície, que é falhada por um impulso anterior cego que emerge do topo do subsolo cristalino. A sul do Anticlinal de Shenili Banda, as rochas do Eocénico dobram-se desarmonicamente na parede inferior da Falha de Khattak Banda. Esta falha situa-se na Formação Kohat e é um impulso posterior que emana de um impulso anterior cego no topo do Paleocénico. O Sinclinalório de Karbogha situa-se a sul da Falha de Khattak Banda e o seu limbo meridional é cortado por um impulso posterior emergente, ou seja, a Falha de Karbogha. A Falha de Karbogha traz o Xisto de Panoba do Eocénico sobre a Formação Kamlial ao longo do membro norte do Anticlinório de Ganderi. Outra falha de impulso anterior (Falha de Gurguri-Sharki) surge no limbo sul do Anticlinório de Ganderi. Estas duas falhas delimitam o Anticlinório de Ganderi, que forma uma estrutura de "pop-up" na área de estudo (Fig. 4.11). Na parede inferior da Falha de Gurguri-Sharki, situa-se o Sinclinório de Gurguri, que é afetado por uma falha cega proveniente do xisto de Panoba. O anticlinório de Manzalai Ghar ocorre a sul do sinclinalório de Gurguri, com um membro norte revirado. O sinclinalório de Dargai situa-se a sul do anticlinalório de Manzalai Ghar, com o limbo comum falhado entre eles. Este limbo é cortado por uma falha emergente a sul que coloca a Formação Kohat sobre a Formação Kamlial.

O comportamento estrutural ao longo da secção transversal Y-Y' ilustra que todas as principais falhas cegas e emergentes têm raízes profundas e são geradas a partir do descolamento basal. As estruturas dobradas, que se formam nas rochas do Eocénico e do Pré-Eocénico, estão associadas à cinemática da falha. As dobras são viradas para norte ou para sul (Fig. 4.11).

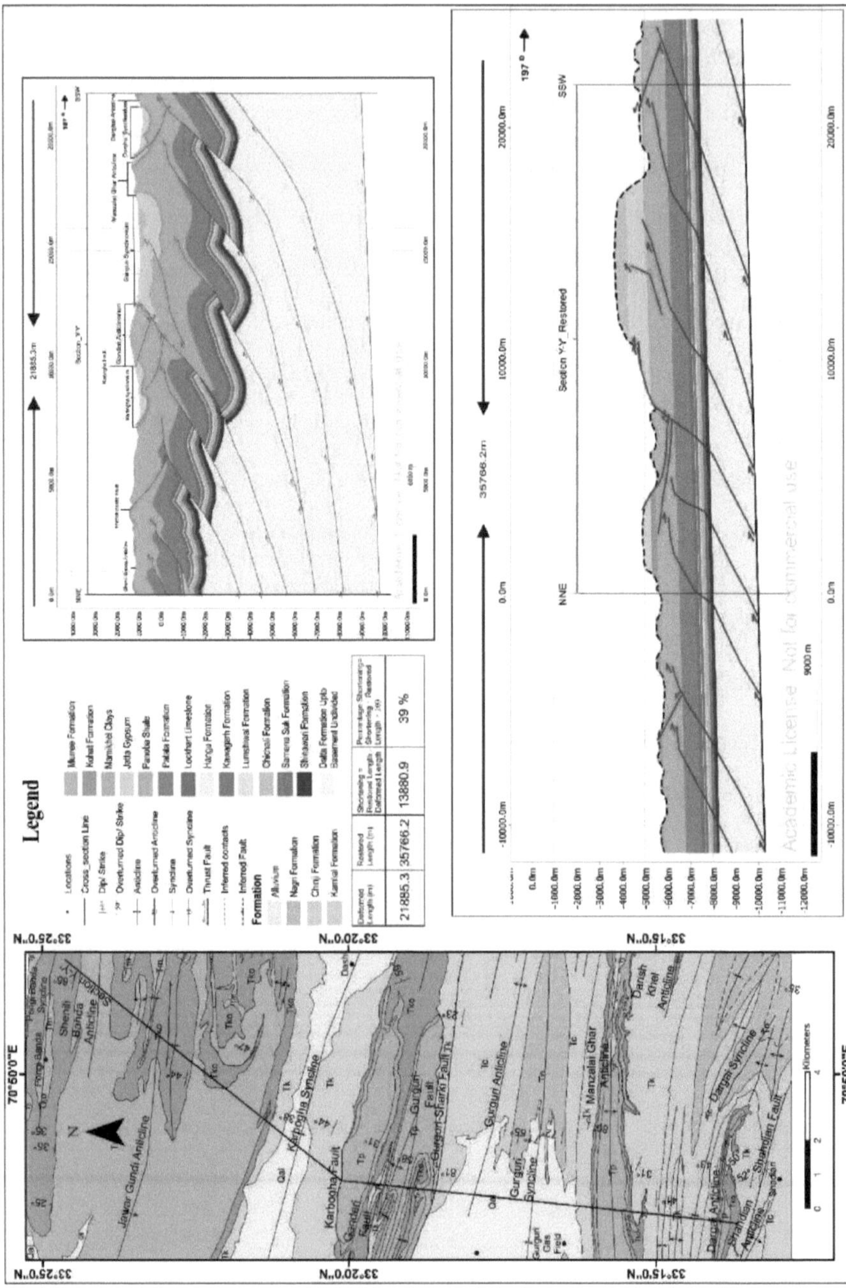

Fig. 4. 11 Secção transversal estrutural e secção restaurada ao longo da linha Y-Y' da figura 4.4

4.3.2.2 Secção transversal Z-Z'

O Anticlinal de Shenili Banda expõe o Xisto de Panoba no núcleo e situa-se ao longo da linha de secção transversal Z-Z' de norte para sul (Fig. 4.12). O seu núcleo é falhado por uma falha cega de retrocesso gerada a partir da base das rochas do Eocénico. No sul, está presente o sinclinalório de Karbogha, que é cortado por uma falha de mergulho a sul que emana da base do Eocénico (Fig. 4.12).

O Anticlinório de Mardan Khel é uma estrutura regional dobrada e revirada que incorpora o xisto de Panoba no núcleo. A espessura do xisto de Panoba é duplicada no núcleo do Anticlinório de Mardan Khel devido ao movimento ao longo do impulso posterior. O seu membro setentrional está revirado, o que o liga ao Sinclinalório de Khattak Banda, a norte. O seu membro meridional está deformado em pequenas dobras assimétricas.

A sul, existe o sinclinalório de Karbogha, que é cortado por dois impulsos anteriores cegos provenientes do xisto eocénico de Panoba. As paredes de suspensão e de pé destas falhas estão dobradas desarmonicamente e formaram pequenos anticlinais e sinclinais. Os xistos de Panoba e o gesso de Jatta estão expostos no núcleo do Anticlinório de Manzalai Ghar (Figs. 4.4 e 4.12). A sul do Anticlinório de Manzalai Ghar, o Sinclinal de Darish Khel e o Anticlinal de Darish Khel formam-se no interior dos Siwaliks.

A maioria das falhas ao longo da secção transversal Z-Z' tornam-se planas na zona de Panoba Patala e raramente chegam à superfície, o que indica claramente o papel da estratigrafia na elaboração do modelo de deformação. As rochas do Paleozoico, Mesozoico e Cenozoico estão envolvidas no processo de deformação (Fig. 4.12).

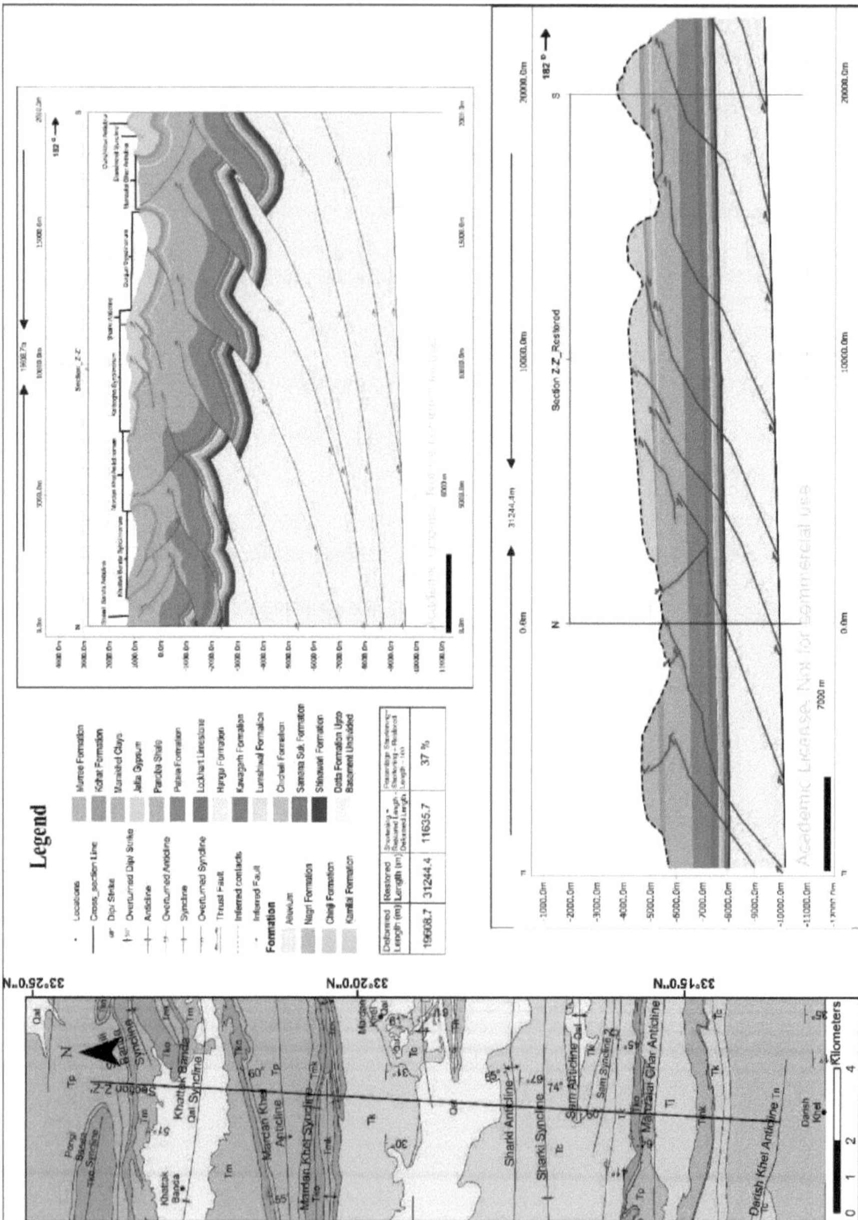

Fig. 4.12 A secção transversal estrutural e a secção restaurada ao longo da linha Z-Z' da Fig. 4.4

4.3.3 Secções transversais restauradas

As secções transversais ao longo da linha X-X', Y-Y' e Z-Z' da Fig. 4.4 são restauradas e equilibradas de modo a calcular a percentagem de encurtamento incorrida pelas rochas na área de estudo. O comprimento real da secção transversal X-X' é de 19667,9 m e, após a restauração ao longo das falhas e dobras, aumenta para 31172,3 m. A quantidade de encurtamento é de 11504,4 m e a percentagem de encurtamento é de 37% ao longo da linha da secção transversal X-X' (Fig. 4.10). A secção transversal Y-Y' tem 21885,3 m de comprimento, que foi restaurada e o comprimento muda para 35766,2 m. A quantidade e a percentagem de encurtamento ao longo de Y-Y' é de 13880,9 m e 39%, respetivamente (Fig. 4.11). A secção transversal Z-Z' tem 19608,7 m de comprimento, enquanto que o seu comprimento restaurado é de 31244,4 m com um encurtamento de 11635,7 m. A percentagem de encurtamento ao longo da secção transversal Z-Z' é de 37% (Fig. 4.12). De acordo com as secções restauradas X-X', Y-Y' e Z-Z', a percentagem média de encurtamento na área de estudo é de 37,7%.

4.3.4 Modelo estrutural 3D do KFB ocidental

A geometria estrutural sub-superficial da área do projeto é ilustrada pelo modelo estrutural tridimensional (3D) proposto para o KFB ocidental (Fig. 4.13). É construído pela integração de dados de campo, mapa geológico e secções transversais estruturais desenvolvidas ao longo das linhas X-X', Y-Y' e Z-Z' da Figura 4.4.

O modelo 3D explica a extensão e a propagação das estruturas regionais em sub-superfície (até 10 Km) com a correlação dos dados de superfície. Mostra a desarmonia das estruturas entre a superfície e a sub-superfície. Mostra a variação no estilo estrutural e a terminação das estruturas ao longo das linhas X-X', Y-Y' e Z- Z' (Fig. 4.14). Como o modelo foi desenvolvido para interpretar as geometrias estruturais, apenas são geradas as superfícies 3D das falhas e dobras principais.

4.3.4.1 Modelação de falhas em 3D

Foi construído um modelo de falhas 3D juntando 27 planos de falhas, que foram construídos nas secções transversais X-X', Y-Y' e Z-Z' (Figs. 4.10, 4.11 & 4.12). As falhas no KFB ocidental mostram um sistema de impulso regional, tal como ilustrado no modelo (Fig. 4.15). Este modelo define o comportamento das falhas ao longo e entre as secções transversais. As principais falhas na área de estudo são os impulsos listrados a sul que emanam do destacamento basal.

A maioria destas falhas é de natureza cega e algumas estão expostas à superfície. O modelo 3d destas falhas ilustra alguns graus de variação na tendência dos planos de falha de este-oeste. Três destas falhas cortam a superfície ao longo da secção transversal X-X', enquanto que estão em sub-superfície ao longo da linha Z-Z' (Fig. 4.15). Este comportamento descreve que a deformação e a deslocação dos estratos ao longo das falhas aumentam de leste para oeste na área de estudo.

4.3.4.1 Modelação do horizonte em 3D

Foi criado um modelo 3D para interpretar o horizonte cortado pelas falhas ao nível do calcário Lockhart em relação à sua geometria atual entre as linhas X-X', Y-Y' e Z-Z' (Fig. 4.16). Mostra a orientação e o fecho das estruturas dobradas que se encontram no KFB ocidental. Como mostra a Fig. 4.16, as dobras estão a mergulhar tanto para leste como para oeste e têm uma tendência leste-oeste. No lado ocidental, a tendência das dobras desvia-se alguns graus da tendência regional da KFB.

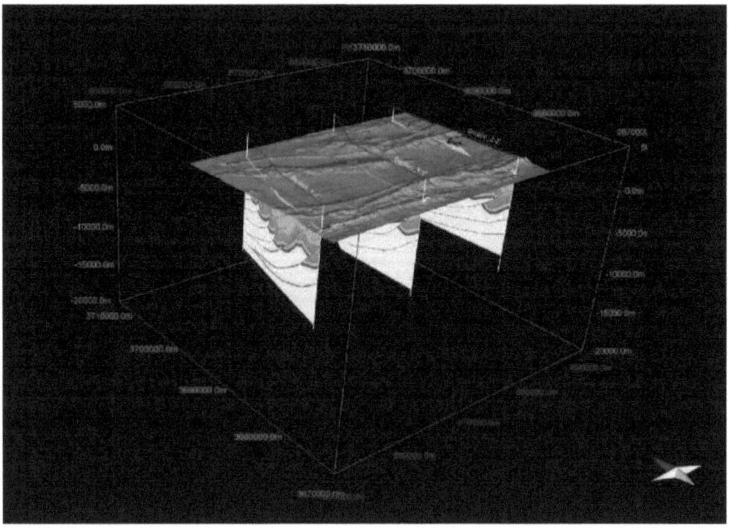

Fig. 4.13 Modelo 3D do KFB ocidental, mostrando a interação entre a geologia de superfície e as secções transversais estruturais

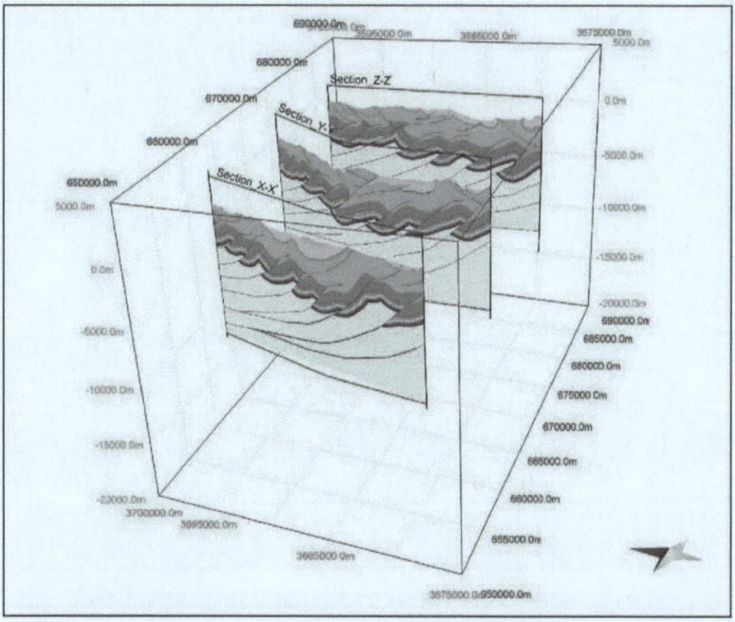

Fig. 4.14 Modelo 3D da área de estudo mostrando as secções transversais estruturais

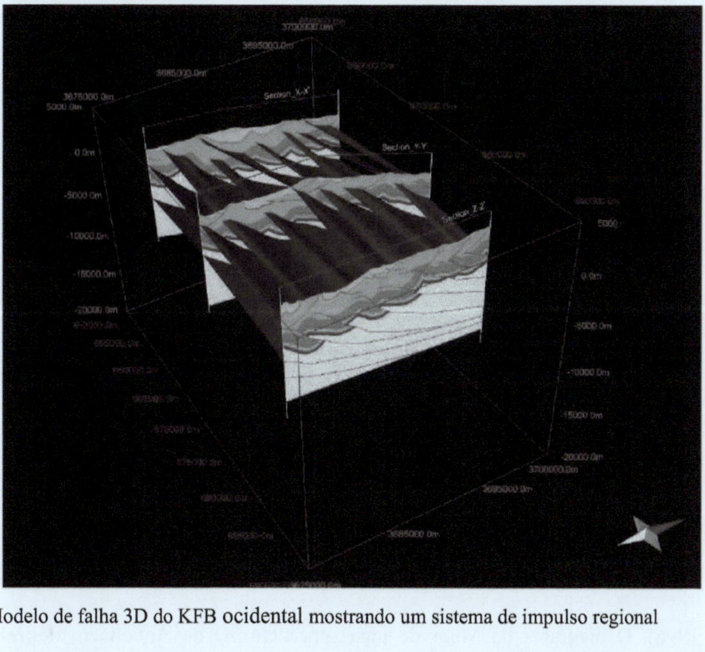

Fig. 4.15 Modelo de falha 3D do KFB ocidental mostrando um sistema de impulso regional

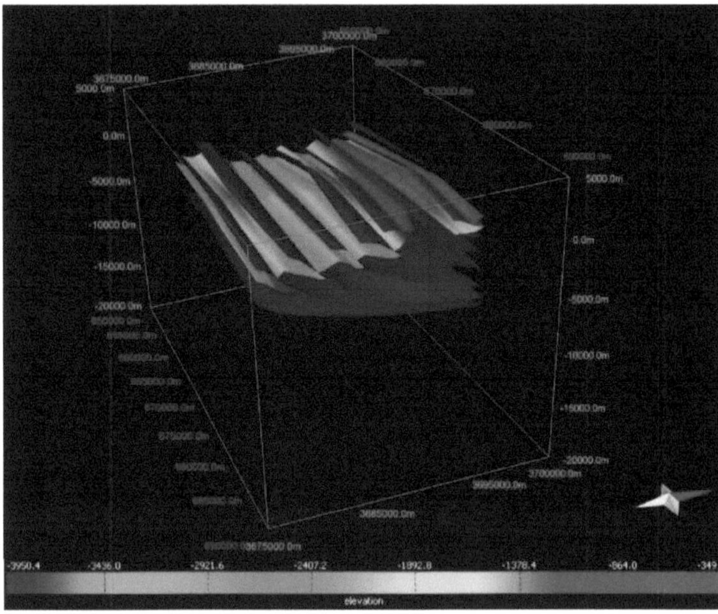

Fig. 4.16 Modelo 3D do horizonte ao nível do calcário Lockhart cortado pelas falhas

4.3 . Análise de tensões do KFB ocidental

Como discutido acima, a área de estudo tem um sistema regional de impulso e dobras de tendência este-oeste (Figs. 4.3, 4.4 e 4.18), que são o resultado de tensões norte-sul. Estas tensões causaram a fracturação e o cisalhamento nas rochas da área de estudo. As componentes de tensão, ou seja, a tensão normal e a tensão de cisalhamento, são determinadas utilizando o módulo de análise de tensão do MOVE 2015.1. Este módulo baseia-se no Diagrama de Tensões de Mohr para o estado 3D das tensões e as equações gerais para calcular as tensões normais e de corte são mencionadas abaixo:

$$\sigma_n = \frac{(\sigma_1 + \sigma_3)}{2} - \frac{(\sigma_1 - \sigma_3)}{2} c\,os(2\theta)$$

$$\tau = \frac{(\sigma_1 - \sigma_3)}{2} Sin(2\theta)$$

O "on" é a tensão normal e o "т" define a magnitude da tensão de cisalhamento, enquanto que, σι, σ2 e σ3 são as tensões principais máximas, intermédias e mínimas, respetivamente (Davis e Reynolds, 1996). O diagrama de Mohr de uma superfície 3D do Anticlíneo Manzalai Ghar é construído a um nível do Calcário Lockhart, como se mostra na Figura 4.17. A tensão normal efectiva (σn) está no eixo x e a tensão de corte (τ) está ao longo do eixo y. A região acima do plano é o envelope de falha ou envelope de deslizamento, que mostra instabilidade (tensão de cisalhamento) e alta tendência de deslizamento. As tensões normais na superfície 3D do Anticlinal de Manzalai Ghar são positivas porque a tensão de princípio mínima ($\sigma 3$) é superior a zero, o que ilustra o deslizamento relacionado com a compressão.

Os valores das tensões normais são superiores aos das tensões de corte no Anticlinal de Manzalai Ghar, o que foi revelado pela análise de tensões da área. Os valores das tensões normais e de cisalhamento são de 70 MPa e 50 MPa, respetivamente, o que mostra uma boa probabilidade de falhas na zona ocidental da KFB (Fig. 4.17 (b)). O diagrama de Mohr exemplifica as tensões de compressão (norte-sul) na área de estudo, o que resultou na orientação regional leste-oeste das estruturas, como mostra a Figura 4.18.

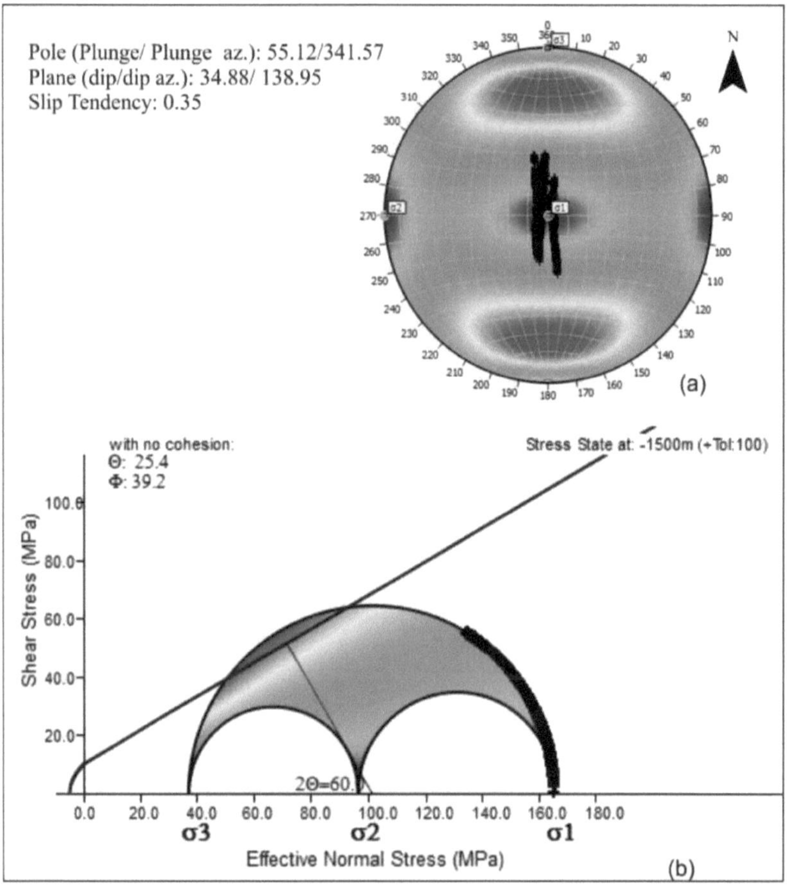

Fig. 4.17 (a) mostrando o campo de tensão regional da Bacia do Foreland de Kohat com σ3 a norte, o que mostra a compressão norte-sul. (b) Diagrama de Mohr que explica a tendência de deslizamento do Anticlinal de Manzalai Ghar ao nível do calcário Lockhart com tensões normais positivas (compressão)

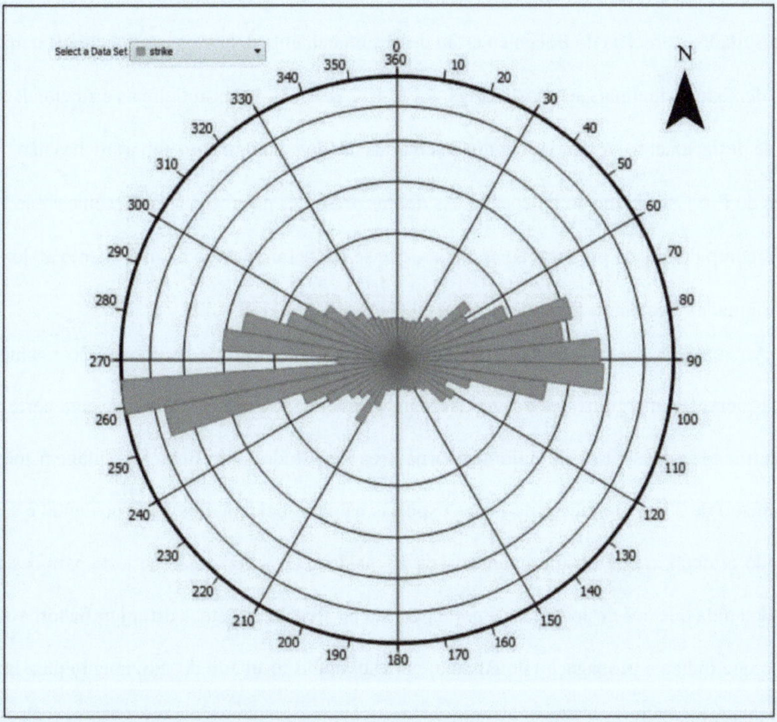

Fig. 4.18 O diagrama de Rose plot mostrando a orientação leste-oeste das rochas da área de estudo, plotado com base nos dados de strike do MOVE 2015.1

4.4 Análise estrutural

Uma série de falhas identificadas no KFB ocidental, que são listric fore and back, emergentes e blind thrusts que emanam do embasamento cristalino e do embasamento eocénico com um deslocamento que varia de 250-2000 m. O comportamento cinemático das falhas ilustra dois níveis de descolamento na área de estudo. As falhas geradas a partir da interface das rochas sedimentares e do embasamento, despontam na base da sequência Eocénica. O Xisto Panoba do Eocénico e a Formação Patala do Paleocénico têm uma espessura média combinada de cerca de 2000 metros na área de estudo (Ali, 2007). Este depósito maciço de xisto comporta-se plasticamente, o que acomoda a tensão associada aos splays, originados a partir do descolamento basal. Sintectonicamente, o xisto é distribuído nos núcleos dos anticlinais sob a forma de tensão.

Como resultado, as rochas do Eocénico estão desarmonicamente dobradas em anticlinais com núcleos de xisto e sinclinais sem xisto (Figs. 4.11, 4.12 & 4.13). Estes anticlinais e sinclinais são dobras de destacamento, formadas devido à acomodação do encurtamento sob as rochas não expostas do Pré-Cambriano ao Paleoceno. As dobras presentes nas rochas pré-Eocénicas são inferidas como dobras de propagação de falhas, que se formaram devido ao movimento ao longo de falhas originadas a partir do descolamento basal (Figs. 4.10, 4.11 & 4.12).

A geometria das dobras na zona ocidental da KFB indica que as dobras são assimétricas, abertas a apertadas, mergulhantes e reviradas, com o seu eixo de dobra a inclinar-se para norte ou sul. São identificadas duas fases de deformação na área de estudo, com uma percentagem média de encurtamento de 37%. O número de falhas expostas na parte ocidental da KFB ocidental é superior ao do lado oriental, o que ilustra o aumento da intensidade da deformação de leste para oeste (Fig. 4.15). À medida que nos deslocamos de norte para sul na área do projeto, a estratigrafia torna-se mais jovem, o que indica a propagação do empuxo para sul como resultado do movimento para norte da placa indiana (Fig. 4.4).

CONCLUSÕES

1. A área tem uma deformação complexa de pele fina como resultado de tensões orientadas norte-sul, resultando em estruturas de superfície regionais com tendência leste-oeste.

2. As rochas do Eocénico ao Pliocénico estão expostas à superfície nos núcleos de anticlinais e sinclinais inconformados com as rochas pré-Eocénicas.

3. A evolução estrutural e a tectónica global da bacia do foreland de Kohat são controladas pelo par de níveis de desprendimento que são

   - O embasamento cristalino de mergulho para norte com um ângulo inicial de 1,4°-1,6°.
   - Base da sequência eocénica

4. Estes destacamentos dividem o pacote estratigráfico em séries superiores e inferiores com rochas relativamente dúcteis e rígidas, respetivamente.

5. As estruturas na série superior são formadas como resultado de desprendimento de empuxo, compreendendo anticlinais apertados, revirados, duplamente mergulhantes e falhados com sinclinais largos. As dobras de propagação de falhas são formadas na série inferior, que engloba o principal jogo petrolífero da região.

6. É evidente uma desarmonia estrutural entre as unidades líticas superficiais e sub-superficiais, o que se deve à presença de dois níveis de descolamento.

7. As falhas na área são, na sua maioria, impulsos anteriores com vergência para sul, com ocasionais impulsos posteriores associados, ilustrando um sistema de impulsos regional com um intervalo de 250-2000 m de deslocamento ao longo deles.

8. A deformação nas rochas da parte noroeste da bacia ocidental de Kohat Foreland é mais intensa do que nas suas extensões orientais.

9. A percentagem global de encurtamento na zona de estudo é de 37%.

Referências

Abbasi, I.A e R. McElroy, 1991. Cinemática de empuxo do Planalto de Kohat, Cordilheira de Sal Trans Indus, Paquistão. J. Struc. Geol.13, p. 319-327.

Ahmad, D., 1995. Análise tectónica do planalto meridional de Kohat, N.W.F.P. Paquistão. Dissertação de mestrado não publicada, Universidade de Peshawar, Peshawar.

Ahmad, S., 2003. Um estudo comparativo dos estilos estruturais no planalto de Kohat, NW Himalayas, NWFP, Paquistão. Tese de doutoramento, Universidade de Peshawar, Peshawar.

Ahmad, S., S. Hamidullah, M.I. Khan e J. Hirayama, 2004, Structural Transect of the Western Kohat Fold and Thrust Belt between Hangu and Basia Khel, NWFP, Pakistan. Proc. Ann. Tech. Conf. (ATC), Islamabad. p. 37-50.

Ali, A., 2007. Avaliação estrutural da bacia ocidental de Kohat Foreland usando técnicas modernas de restauração estrutural (Tese de Mestrado), Uni. of Pesh. Kp. Paquistão.

Baker, D. M., Lille, R. J., Yeats, R. S., Jhonson, G. D., Yousaf, M., Zaman, A. S. H., 1988. Desenvolvimento da zona de empuxo frontal dos Himalaias: Salt Range, Paquistão. Geology, 16, 3-7.

Bard, J. P., 1983. Metamorfismo do arco insular obduzido: exemplo da sequência Kohistan na cordilheira colidida dos Himalaias do Paquistão. Earth and Planetary Science Letters, 65, 133-144.

Bird, P., 1978. Iniciação da subducção intracontinental nos Himalaias. Journal of Geophysical Research, 83, 4975-4987.

Burnes, A., 1832, some account of the salt mines of the Punjab: Asiatic Soc. Bengal Jour, Vol. 1, p. 145-147.

Coward, M. P., Windley, B. F., Broughton, R. D., Luff, I. W., Petterson, M. G., Pudsey, C. J., Rex,

D. C., Khan, M. A. 1986. Tectónica de colisão no NW dos Himalaias.

Em: Coward, M.P., Ries, A.C. (Eds.), Collision Tectonics. Publicação Especial da Sociedade Geológica, 19, 201219.

Chamberlain, C. P., Zeitler, P. K., 1996. Montagem dos terranos cristalinos do noroeste dos Himalaias e Karakorum, noroeste do Paquistão. Em: Yin, A., Harrison, T. M. (Eds.). The Tectonic Evolution of Asia. Cambridge University Press, Nova Iorque, p. 138-148.

Chen, L., Khan, S.D., 2009. Geomorphometric features and tectonic activities in western Himalayan fold and thrust belt. Computers and Geosciences 35, 20112019.

Dipietro, J. A., Pogue, K. R., Hussain, A., Ahmad, I., 1996. Geologia e tectónica da Sintaxe do Indo, noroeste dos Himalaias, Paquistão.

Davis, D. M. e Lillie, R. J., 1994. Changing mechanical response during continental collision: active examples from the foreland thrust belts of Pakistan. Journal of Structural Geology, 16 (I), p. 21-34.

Davis, G. H., e Reynolds, S. J., 1996. Structural Geology of Rocks and Region. Editora John Willey & sons, Canadá, segunda edição, p. 117-121.

Davies, L. M., 1930. The fossil fauna of the Samana Range and some neighbouring areas. Parte 1, uma nota introdutória" Geol. Surv. India Memoir, Paleot. Indica, Nova Série 15, p. 15.

Eames, F.E., (1952 a) A contribution to the study of Eocene in western Pakistan and western India, Part A., The geology of standard sections in the Western Punjab and in the Kohat District: Geol. Soc. London, Quart. Jour., v. 107, pt. 2, p.159172.

Fatmi, A.N., 1973. Unidades litoestratigráficas da província de Kohat-Potwar, Bacia do Indo, Paquistão: Pakistan Geological Survey, 10, p. 80.

Fleming, A., 1853. On Salt Range in the Punjab. Sociedade Geológica de Londres

Revista Quaterly, 9, part. 1. P. 189-200.

Fraser, J. E., Searle, M. P., Parrish, R. R., Noble, S. R., 2001. Chronology of deformation, metamorphism and magmatism in the southern Karakorum Mountains. Geological Society of America, 113, 1443-1455

Gansser, A., 1964. Geology of the Himalayas. Interscience Publishers London etc. (J.Wiley & Sons), p. 1-289.

Gee, E.R. 1934. The Saline Series of north-western India. Current Science, 2, p. 460463.

Gee, E. R., 1945. The age of the Saline Series of the Punjab and of Kohat, Natl. Acad. Sci., Proc. Sec B. 14(6): p. 269-310.

Hamidullah, S., Onstot, T. C., 1992. Ar40/Ar39 evidence for Late Cretaceous formation of the KIA, NW, Pakistan. Kashmir Journal of Geology, 10, p. 105-122.

Hauck, M.L., Nelson, K.D., Brown, W., Zhao, W., e Ross, A.R., 1998, Crustal structure of the Himalayan orogeny at ~90°E longitude from Project INDEPTH deep reflection profile les: Tectonics, v. 17, p. 481-500.

Izzat, C. N. 1993. Variação da geometria da frente de empuxo no Planalto de Potwar e nas cordilheiras de Hazara/Kalachitta, Norte do Paquistão. Tese de doutoramento, Colégio Imperial de Ciência, Tecnologia e Medicina, Londres.

Johnson, G. D., Powell, C. McA., Veevers, J. J., 1976. Spreading history of the eastern Indian Ocean, and greater India's northwards flight from Antarctica and Australia. Boletim da Sociedade Geológica da América, 87, 1560-1566

Karsten, C. J. B., 1846. The salt mines of Kohat, in Lehrbuch der Salinenkunde: Berlin.

Kazmi, A. H., Abbasi, I.A., 2008. Stratigraphy and historical geology of Pakistan (Estratigrafia e geologia histórica do Paquistão).

Departamento e NCE em Geologia, Universidade de Peshawar, p. 524.

Kazmi, A. H. e Rana, R.A., 1982. Mapa tectónico do Paquistão, à escala de 1:200000. Serviço Geológico do Paquistão, Quetta.

Kazmi, A. H., & Jan, M. Q., 1997. Geology and Tectonics of Pakistan. Graphic Publishers, Karachi, Paquistão.

Khan, A. A., 2011. Análise estrutural dos intervalos Trans-Indus: Implicações para o potencial de hidrocarbonetos do NW dos Himalaias, Paquistão. Tese de doutoramento não publicada, Centro Nacional de Excelência em Geologia, Universidade de Peshawar, Paquistão.

Khan, A.A., e Najeeb-uz-Zaman, M., (2003) Stratigraphy and tectonic architecture of the north-western part of the Kohat Basin, NWFP, Pakistan. Actas do PAPG-SPE ATC 2003, p.145-163.

Khan, M.A., Ahmed, A., Raza, H.A., e Kemal, A., 1986. Geologia do petróleo na Depressão de Kohat-Potwar, Paquistão. Associação Americana de Geocientistas de Petróleo 70(4), p. 396-414.

Khan, S.D., Walker, D.J., Hall, S., Burke, K., Shah, M.T., Stockli, L., 2009. O arco insular Kohistan-Ladakh colidiu primeiro com a Índia? Geological Society of America Bulletin121 (3/4), 366-384.

Latif, M. A., 1970. Explanatory notes on the geology of the 'south-eastern Hazara, to accompany the revised geological map. Wein Jb. Geol. B.A., Soderb. 15, p.520.

Lave, J., e Avouac, J.P., 2001. Dobragem ativa de terraços fluviais nas colinas de Siwaliks, Himalaias do Nepal central: Journal of Geophysical Research, v. 105, no. 3, p. 5735-5770.

Leather, M., 1987. Secção transversal estrutural equilibrada de Western Salt Range e Potwar Planalto: Deformação perto do terminal de deslizamento e sobre o lençol de empuxo. M.S.

tese, Oregon State University, Corvallis, Oregon.

LeFort, P., 1975 Himalaya: the collided range, Present knowledge of the continental arc. Amer. J. Sci., 275A, p. 1-44.

Lewis, G. E., 1937. Uma nova Correlação Siwalik (Índia): American Jour. Sci., Ser. 5, No.195, V.33, p.191-204.

Madin, I. P., 1986. Geologia e neotectónica do noroeste do Maciço de Nanga Parbat-Haramosh. Tese de Mestrado não publicada, Universidade do Estado do Oregon, Corvallis, 160-257.

Malinconico, L. L. Jr., 1986. A estrutura do terreno do arco de Kohistan no norte do Paquistão inferida a partir de dados gravitacionais. Tectonophysics, 124, p. 297-307.

Maluski, H., Matte, P. 1984. Idade dos eventos tectono-metamórficos alpinos no noroeste dos Himalaias, (Paquistão do Norte) pelo método Ar39/Ar40. Tectónica, 3, p. 1-18.

McDougall, J. W., e Khan, S. H., 1990. Strike Slip faulting in a foreland fold thrust belt: A falha de Kalabagh e a tectónica do Paquistão da Cordilheira do Sal Ocidental. Vol.9, p.1061-1075.

McDougall, J.W., Hussain, A., 1991. Propagação de dobras e empuxos nos Himalaias ocidentais com base numa secção transversal equilibrada da Serra de Surghar e do Planalto de Kohat, Paquistão. Boletim 75 da Associação Americana de Geólogos de Petróleo, p. 463-476.

McKenzie, D. P., Sclater, J. G., 1976. A evolução do Oceano Índico. In: Wilson, J. T., (Eds.), Continents, Adrift and continents Aground. Scientific American: Freeman and Corporation, 139-148.

Meissner, C. R., & Rahman, H., 1973: Distribution, thickness & lithology of Paleocene rocks in Pakistan [Distribuição, espessura e litologia das rochas paleocénicas no Paquistão]: U.S. Geological Survey Professional Paper 716-E, p.6.

Meissner, C. R., Master, J. M., Rashid, M. A. e Hussain, M., 1974. Stratigraphy of the Kohat

Quadrangle, Pakistan [Estratigrafia do Quadrilátero de Kohat, Paquistão]. United States Geological Survey Professional Paper, 716 D, p. 30.

Meissner, C. R., Hussain, M., Rashid, M.A. e Sethi, U. B., 1975. Geology of the Parachinar quadrangle, Pakistan [Geologia do quadrângulo de Parachinar, Paquistão]. United States Geological Survey Professional Paper, 76-F.

Molnar, P., Tapponnier, P., 1975. Cenozoic tectonics of Asia: Efeitos de uma colisão continental, Nova Iorque. Science, p. 189, 419-426.

MonaLisa, Khwaja, A. A e Qaiser. M., (2002). Estudos do Mecanismo Focal de Kohat e da Zona Deformada do Norte de Potwar. Boletim Geológico, Universidade de Peshawar, Vol.35. p. 85-95.

MonaLisa, Khan, S.A e Khwaja, A.A., 2004. Estudos de Mecanismo Focal da Zona Deformada do Norte de Potwar (NPDZ), Paquistão. Ata Seismologica Sinica, China. Vol.17 No.3. p. 255-261.

Mona, L., Khwaja, A. A & Qureshi, S. N, 2005. Interpretação estrutural com base em estudos de mecanismos focais na área do Planalto de Kohat, Bacia de Bannu e Extensão Ocidental da Cordilheira do Sal. *Pak. J. Hydrocarbon Res.* 15, p. 43-51.

Paracha, W., Kemal, A., e Abbasi, F., 2004. Duplex de Kohat *na* Zona Deformada de Potwar do Norte, Paquistão. Geol. Surv. Of Pakistan, Geologica, vol.5. p. 99-107.

Parson, E., 1926. The structure and stratigraphy of the north-west Indian oil fields (A estrutura e estratigrafia dos campos petrolíferos do noroeste da Índia). Inst. Petroleum Tech. J., 12, p. 439-505.

Patriate, P., Achache, J., 1984. Cronologia da colisão Índia-Eurásia e suas implicações para o encurtamento da crosta e os mecanismos de condução das placas. Nature, 311, p. 615-621.

Pegler, D., and Das, S., (1998) An enhanced image of the Pamir-Hindu Kush seismic zone from relocated earthquake hypocentres, Geophysical Journal International, v.134, p.573-595.

Petterson, M. G., Windley, B. F., 1985. Rb-Sr dating of the Kohistan arc Batholith in the Trans Himalaya of North Pakistan and tectonic implications. Earth and Planetary Science Letters, 74, 54-75.

Pilgrim, G.E., 1913. A correlação dos Siwaliks com horizontes de mamíferos da Europa: Ibid. Recs., V.43, Pt.4, p.264-326.

Pivinik, D.A., 1992. Depositional response to encroachment of Himalayan compressional and transpressional deformation on the north Pakistan foreland (Ph.D. thesis). Hanover, New Hampshire, Dartmouth College, p. 1-258.

Pivnik, D. A. e Sercombe. W. T. 1993, Compressão e Deformação relacionada com a Transpressão no Planalto de Kohat, NWFP, Paquistão. Em Treloar, P, T. e Searle, M. P. (eds), Himalayan Tectonics, Geol. Soc. Lond., Special Publ., vol. 74, p. 559-580.

Pivnik, D.A., e Khan. M.J., 1996. Transição do foreland para a deposição em bacia de piggyback, Plio-Pleistocene Upper Siwalik Group, Shinghar Range, Noroeste do Paquistão. Sedimentology, 43, p. 631-646.

Pivnik, D.A., e Wells, N.A., 1996. The Transition from Tethys to the Himalayas as recorded in northwest Pakistan. Geological Society of American Bulletin, 108, No.10, p. 1295-1373.

Powell, C., Mac, A., Conaghan, P. J., 1973. Plate tectonics and the Himalayas. Earth & Planetary Science, 20, p. 1-12.

Powell, C. McA., 1979. A speculative tectonic history of Pakistan and surroundings: some constraints from the Indian Ocean, In: Farah, A., DeJong, K. A. (Eds.) Geodynamics of Pakistan. Geological Survey of Pakistan, Quetta, p. 5-24.

Pudsey, C. J., Coward, M. P., Luff, I. W., Skackleton, R. M., Windley, B. F., Jan, M. Q., 1985.The collision zone between the Kohistan arc and the Asian plate in NW Pakistan. Transactions of the Royal Society of Edinburgh, Earth Science, 76, p. 463-479.

Quad Consulting Limited, (1994) Pakistan Prospectivity and Activity Report, p.1-122.

Raza, S. Q., e Khattak, A. K., 1972.Depósitos de gesso do distrito de Kohat N.W.F.P, Paquistão Ocidental.

Rehman, G., Ahmad, S., Zahid, M., e Ali, F., 2009. Structural Geology of the Shakar Khel Area, Karak District, Khyber Pakhtunkhwa Pakistan. Jornal Paquistanês de Investigação de Hidrocarbonetos, Vol. 19, p. 11-17.

Sameeni, S.J., Haneef, M., Rehman, O., e Lipps, J.H., 2009. Paleogene biostratigraphy of Kohat area, Northern Pakistan. Geol. Bull. Punjab Univ., 44: p. 27-42.

Searle, M. P., 1991. Geology and Tectonics of the Karakorum mountains. John Wiley and Sons, Nova Iorque, 358.

Searle, M. P., Windley, B. F., Coward, M. P., Cooper, D. J. W., Rex, A. J., Rex, D., Tingdong, Jan, M. Q., Thakkur, V. C., Kumar, S., 1987. The closing of Tethys and tectonics of Himalaya. Geological Society of America Bulletin, 98, 678-

701.

Seeber, L., Armbruster, J., 1979. Sismicidade do arco de Hazara no norte do Paquistão: decolamento versus falha do embasamento. In: Farah, A., DeJong, K. A. (Eds.). Geodynamics of Pakistan. Geological Survey of Pakistan, Quetta, p.131-142.

Sercombe, W.J., D.A. Pivinik, M.A. Stratton, M. Albertin, R.A. Beck, W.P. Wilson e B.L. Roth, 1994a. Wrench faulting in the northern Pakistan foreland region: The Leading Edge, 13: p. 1107- 1110.

Sercombe, W.J., D.A. Pivinik, M.A. Stratton, M. Albertin, R.A. Beck, W.P. Wilson, B.L. Roth e R.E. Nieuwenhuise, 1994b. Wrench faulting in the northern Pakistan foreland region: rethinking a deformed belt (abs.). Am. Assoc. Petrol. Geol. Bull., 3: p. 256.

Sercombe, J., Pivnik, D. A., Wilson, W.P., Albertin, M. L, Beck, R. A. e Stratton, M. A., 1998. Wrench faulting in the northern Pakistan foreland: AAPG. Bull. 82, No. 11, 2003-2030.

Smith, H. A., Chamberlain, C. P., Zeitler, P. K., 1994. Timing and duration of Himalayan metamorphism within the Indo-Asian suture zone, Himalayas, northern Pakistan. Tese de doutoramento, Dartmouth College, Hanover, N.H., EUA.

Shah, S.M.I., 1977. The Stratigraphy of Pakistan. Geological Survey, Memoir, Vol. 12, p.56-70.

Shah, S.M.I., 2009. Stratigraphy of Pakistan. Geological Survey, Memoir, Vol. 22, p. 381.

Comité Estratigráfico do Paquistão, 1964, Ata da 6ª reunião [fevereiro]: Pakistan Geol. Survey open-file rept.

Tonarini, S., Villa, I., Oberli, F., Meier, M., Spencer, D., Pognante, U. e Ramsay, J., 1993. Eocene age of eclogite metamorphism in Pakistan Himalaya: Implicações para a colisão Índia-Eurásia. Terra Nova, 5, 13-20.

Tahirkheli, R. A. K., 1979. Geologia do Kohistão e continentes adjacentes da Eurásia e do Indo-Paquistão, Himalaias de Karakorum, Norte do Paquistão. Edição especial do Boletim Geológico da Universidade de Peshawar, II, 1-30.

Tahirkheli, R. A. K., 1982. Geology of Himalaya, Karakorum and Hindukush in Pakistan. Boletim Geológico da Universidade de Peshawar, 15, 1-15.

Tahirkheli, R. A. K., 1983. Evolução geológica de KIA no flanco sul de Karakorum-Hindukush no Paquistão. Bulletin Geofisca Teorica ed applicata, 25, p. (99-100), 351-364.

Treloar, P. J., (1989) Imbricações e desprendimento da pilha de empuxo dos Himalaias da placa do norte da Índia, norte do Paquistão. Geol. Bull. Univ. of Peshawar, v. 22, p. 2544.

Treloar, P. J., Izzat, C. N., 1993. Tectónica da colisão dos Himalaias entre a Placa Indiana e o Bloco Afegão: Uma síntese em: Treloar, P. J., Searle, M. P. (Eds.), Himalayan Tectonics. Geological Society of London (Publicação especial), 74, 69-87.

Wells, N.A., 1984. Marine and Continental Sedimentation in the early Cenozoic Kohat basin and adjacent north-western Indo-Pakistan: unpublished Ph.D. Dissertation, University of Michigan.

Wynne, A. B., 1879. A geological reconnaissance from the Indus at the Khushalgharh to the Kurram at Thai on the Afghan Frontier. Registos do Serviço Geológico da Índia, 12, 114-133.

Verma, R. K e Chandrasekhar, C., 1986. Soluções de mecanismo focal e natureza dos movimentos de placas no Paquistão.**3.** Geodyn. 5, p. 331-351.

Wynne, A. B., 1879. A geological reconnaissance from the Indus at the Khushalgharh to the Kurram at Thai on the Afghan Frontier. Registos do Serviço Geológico

da Índia, 12, p. 114-133.

Yeats, R. S., Hussain, A., 1987. Timing of structural events in the Himalayan foothills of northwestern Pakistan. Geological Society of America, 99, 177-198.

Yoshida, M., Zaman, H., Khadim, I. M., Ahmad, M. N., Akram, H., 1997. Paleoposição da cintura Himalaya-Karakoram e terranos circundantes desde o Cretáceo Reconstrução paleomagnética de três fases da história da colisão. In: Khadim, I. M., Zaman, H., Yoshida, M. (Eds.), Paleomagnetism of Collision Belts.

Zeitler, P. K., Tahirkheli, R. A. K., Naeser, C. W., Jhonson, N. M.,1982. História do desprendimento de uma zona de sutura nos Himalaias do Paquistão por meio de idades de recozimento de pistas de fissão. Earth and Planetary Science Letters, 57, p. 227-240.

MIX
Papier aus verantwortungsvollen Quellen
Paper from responsible sources
FSC® C105338

Printed by Books on Demand GmbH, Norderstedt / Germany